DU DÉBOISEMENT

DES MONTAGNES.

Imprimerie de HENNUYER et TURPIN, rue Lemercier, 24, Batignolles.

DU DÉBOISEMENT
DES MONTAGNES

PAR M. BLANQUI,

MEMBRE DE L'INSTITUT

Et de la Commission de reboisement instituée par ordonnance
royale de décembre 1845.

Rapport lu à l'Académie des sciences morales et politiques de l'Institut de France

DANS LES SÉANCES DES 23 NOVEMBRE, 9 ET 23 DÉCEMBRE 1843.

PARIS,

CHEZ RENARD, RUE SAINTE-ANNE, N° 71

1846

PRÉAMBULE.

Enfin le cri de détresse de nos concitoyens des Alpes a été entendu, et il s'est trouvé un ministre jaloux d'attacher son nom à l'œuvre de réparation qu'attendaient depuis si long-temps des populations oubliées. M. Laplagne, ministre des finances, vient de créer une commission [1] appelée à préparer la solution de la grande question du reboisement de nos montagnes. Grâces lui soient rendues! Le succès d'une telle mesure peut suffire à la gloire d'un homme d'état, et nous espérons que ce succès ne lui manquera point.

C'est ici le moment de rappeler la part honorable que l'Académie des sciences mo-

[1] Cette Commission se compose de MM. de Gasparin, pair de France, président; Baumes, Blanqui, de Bonnard, Defontaine, Davenne, Hermann, Royer, Michaux, de Behague, de Corbigny, de Saint-Ouen, Vicaire.

rales et politiques de l'Institut a prise à l'heureuse réaction qui vient de se manifester en faveur de nos départements des Alpes. Cette savante compagnie, toujours attentive aux changements produits dans l'ordre social par le mouvement de la civilisation, ne pouvait rester indifférente à l'état rétrograde de la prospérité publique sur plusieurs points importants du territoire national. La détresse des contrées qui bordent notre frontière, à la limite du Piémont, avait appelé sa sollicitude dès la fin de l'année 1842, et l'auteur du rapport qu'on va lire fut envoyé en mission dans nos départements du sud-est pour étudier les besoins de leurs habitants et constater leur situation économique. L'Académie a bien voulu s'associer à ses efforts dans une discussion où ses plus illustres membres ont rivalisé de zèle en faveur de la cause qu'il avait l'honneur de défendre [1]. Aussi a-t-il pensé

---

[1] On la trouvera résumée à la fin de ce volume.

que c'était lui rendre hommage que de publier de nouveau le travail qu'elle a jugé digne de son attention, au moment où les conclusions de ce travail reçoivent la haute sanction du gouvernement.

Les études dont ce rapport offrent le résumé ont duré près de deux ans. Aux souvenirs, pieusement gardés, de son enfance passée au sein de nos montagnes, l'auteur a cru devoir ajouter les observations de l'âge mûr, et il est revenu, pèlerin dans son pays natal, contempler de plus près, et dans toute l'indépendance de son esprit, ces grandes ruines qui s'accroissent tous les jours, cette patrie désolée dont les torrents emportent, avec une fureur infatigable, le territoire vers la mer. Il ose se flatter que le cri parti du fond de son âme, à l'aspect de cette dévastation, n'a pas été sans écho dans l'État, et que si l'État y a répondu, c'est que l'heure de la réparation est enfin arrivée.

A vous donc appartient, chers concitoyens des Alpes, l'hommage de cet écrit que le spectacle de votre détresse a inspiré. Je prends la liberté de vous l'offrir comme l'expression de mes vives sympathies pour votre cause; je le présente aussi aux pouvoirs publics appelés à prononcer sur les grandes questions que soulève la restauration de nos montagnes. Ils y trouveront le tableau fidèle de vos malheurs et la description, hélas! bien imparfaite d'une situation que plusieurs regardent comme incroyable au siècle où nous vivons, et dans notre belle France, si riche et si prospère! Que le contraste de sa splendeur et de votre misère soit tout à la fois votre consolation et votre espérance. Un grand pays, tel que le nôtre, ne peut pas être averti de la triste situation où vous êtes, sans y porter sa main puissante et sans vous rappeler à la vie.

Paris, décembre 1845.

RAPPORT

SUR LA

SITUATION ÉCONOMIQUE

DES DÉPARTEMENTS

DE LA FRONTIÈRE DES ALPES, ISÈRE, HAUTES-ALPES, BASSES-ALPES ET VAR.

PREMIÈRE PARTIE.

Les quatre départements qui bordent notre frontière des Alpes se recommandent à la sollicitude de la mère patrie, par l'énergique urgence des besoins de toute espèce qui dérivent de la nature spéciale de leur constitution géographique. A part les zones riches et brillantes du département de l'Isère et le littoral maritime du département du Var, qui résument toutes les beautés du Dauphiné et de la Provence, le sol adossé aux Alpes, depuis la Savoie jusqu'à la mer, ne présente qu'un vaste chaos de monta-

1.

gnes, sans ordre et sans système, d'où se précipitent des milliers de torrents dévastateurs, au lieu de ces larges et paisibles cours d'eau qui font la fortune de nos bassins navigables. Toute la ligne de faîte des quatre départements frontières que nous allons parcourir semble plutôt appartenir à la région des nuages qu'à la terre habitée, et les indigènes y vivent, en effet, d'une vie rude et sévère, trop peu connue de leurs concitoyens des contrées plus favorisées. Le voyageur transporté au milieu de ces populations de martyrs, ne saurait croire par moments qu'il est encore en France, et que le cœur généreux de notre pays envoie des pulsations si faibles à ces extrémités délaissées. L'Académie ne pensait certainement pas si bien faire, en chargeant un de ses membres d'aller savoir de leurs nouvelles. Jamais visite ne fut plus opportune, et jamais visiteur ne fut mieux accueilli. Aussi, messieurs, je crois remplir un double devoir envers ces excellents compatriotes et envers vous, en vous exposant avec ma sincérité accoutumée ce que j'ai vu et touché du doigt dans cette reconnaissance du pays désigné à mes explorations ; et je le ferai, j'ai hâte de le dire, en me tenant strictement dans les limites du programme que vous m'avez tracé.

Je m'occuperai peu des parties déjà connues et prospères de l'Isère et du Var. À quoi bon vous décrire pour la centième fois la riante vallée du Grésivaudan, et les champs embaumés d'Hyères, de Cannes ou de Grasse? C'est dans les gorges des pays de montagnes que je dois vous conduire ; c'est là que nous rencontrerons des faits économiques qu'on croirait empruntés à l'état sauvage, et qui appellent au plus haut degré l'attention de tous les hommes éclairés. La région qui sert de théâtre à ces expériences saisissantes comprend toute la partie orientale et montagneuse de l'Isère, le département des Hautes-Alpes tout entier, celui des Basses-Alpes, et la partie du département du Var qui longe ce torrent sur la frontière du Piémont. Il convient de préciser exactement le terrain, de peur que l'on ne puisse appliquer à des zones plus fortunées ce qui doit s'entendre seulement de celles dont nous allons vous faire connaître la physionomie. Cette région ainsi nettement délimitée, il n'y aura plus d'équivoque et d'incertitude possible, et je serai libre de vous apporter toutes les doléances de l'observateur, sans encourir le moindre reproche d'exagération. Quelques considérations générales vous feront d'ailleurs apprécier le caractère excentrique de la région qui va passer sous vos yeux.

Les quatre départements de la frontière des Alpes, enclavés entre l'Italie et le Rhône, sont de fait étrangers au mouvement de la circulation qui les entoure. Aux difficultés naturelles de leur configuration orographique, la politique ou l'insouciance d'un État voisin a ajouté l'abandon de la grande route du mont Genèvre qui leur ouvrait le Piémont, de sorte qu'il n'y a plus aujourd'hui d'autre communication commerciale que par le mont Cenis et par le comté de Nice, aux deux extrémités de la chaîne des Alpes. Tout l'espace intermédiaire est frappé d'inertie et d'impuissance, et la belle route que le gouvernement français achève en ce moment entre Grenoble et Briançon ne sera qu'une impasse, tant que le mont Genèvre demeurera impraticable au roulage. La

France est ainsi séparée du Piémont par une espèce de muraille de la Chine également préjudi-
ciable aux deux pays, comme tous les obstacles
artificiels qu'ont élevés entre les peuples les préjugés belliqueux ou l'esprit mercantile. Il faut avoir
assisté à ce supplice de Tantale pour s'en faire une
idée. Des peuplades entières de voisins, qui peuvent se voir par la fenêtre, sont condamnées à
vivre plus isolées les unes des autres que si elles
étaient séparées par la largeur de l'Océan. On ne
peut se rien acheter ni se rien vendre. Et comme
si ce n'était point assez des précipices, des rochers
et des neiges pour diviser des hommes que leurs
besoins auraient réunis, les habitants de ces pays
frontières vivent, en quelque sorte, à l'état de
siége, sous l'action permanente de la douane, dont
les préposés occupent toutes les avenues du pays.
Nous parlerons plus au long des privations que ce
régime spécial impose à la population des Alpes ;
bornons-nous à poursuivre l'exposé de son isolement.

On pourrait croire que, repoussée de l'Italie,
cette population se réfugierait vers la France ; vain

espoir ! les départements de la Drôme, de Vaucluse et des Bouches-du-Rhône ne reçoivent de la cime des Alpes que de malheureux colporteurs. Par quels moyens les mulets de la montagne pourraient-ils rivaliser avec le roulage des routes royales et les remorqueurs à vapeur du Rhône ? Les paysans qui vivent sur ces hauteurs se hasardent rarement à en descendre, et les lourdes denrées qu'ils auraient à conduire au marché ne pourraient supporter tous les frais du voyage. Isolés du côté du Piémont, presque aussi confinés du côté de la France, ces pauvres cultivateurs ont à combattre tout à la fois les rigueurs du climat, celles de la politique et de la douane, et les inconvénients attachés aux pays de montagnes, où la circulation intérieure est plus difficile que partout ailleurs. Mais ces causes de misère, déjà fort graves, ne sont rien en comparaison de celles qui proviennent des deux plaies jusqu'ici incurables de la région des Alpes françaises, les ravages des torrents et les progrès du déboisement. Pour en juger avec exactitude, il est nécessaire de jeter un regard rapide sur la configuration du pays.

L'observateur qui descend du Dauphiné vers la Provence, le long de la cime des Alpes, est arrêté à chaque pas par les anfractuosités bizarres et multipliées que présentent les montagnes. On n'y trouve pas, sur une étendue de près de cent lieues, un seul cours d'eau navigable, un seul de ces grands bassins tels que ceux de la Marne, de la Saône, de l'Yonne, qui vivifient des provinces entières : les rivières des Alpes participent du caractère des torrents par leur pente rapide et par leur marche capricieuse sur un lit encombré de cailloux roulés. Tels sont le Drac, la Romanche, le Verdon et la Durance, qui offrent les types divers de ces cours d'eau inconstants et perfides où viennent se déverser, par d'innombrables affluents, les sources perpétuelles des glaciers, les fontes des neiges et les pluies d'orage de toutes les régions supérieures. Le Rhône reçoit, dans la partie basse de son cours, le produit vraiment extraordinaire de ces crues formidables qui ont acquis dans ces dernières années des proportions inaccoutumées et inquiétantes. Les torrents apportent ainsi leur contingent de dévastation aux plaines de Vaucluse, du Gard et des Bouches-du-Rhône, après avoir ravagé les montagnes, selon certaines lois de destruction que la science des ingénieurs a essayé de formuler, tant leur marche est devenue constante et infatigable.

Nous examinerons bientôt avec attention les conséquences de ces ravages, qui sont généralement attribués au déboisement, quoique le déboisement n'en soit pas, selon nous, la cause unique ; mais quelles qu'en soient les diverses causes, il est impossible de méconnaître le principal effet, qui consiste dans la déperdition croissante du capital agricole ou plutôt de la terre elle-même, chaque jour entraînée par les eaux dans une progression effrayante. Des phénomènes de détresse inouïe se manifestent sur presque tous les points de la zone montagneuse, et la solitude y acquiert un caractère de désolation et de stérilité indéfinissable. La destruction successive des forêts a tari tout à la fois, en mille endroits, les sources et le combustible, c'est-à-dire, après la terre, l'eau et le feu. Entre Grenoble et Briançon, dans la vallée de la Romanche, il existe plusieurs villages réduits à une telle pénurie de bois, que les habitants sont obligés de faire cuire leur pain à l'aide d'un combustible ammoniacal composé de fiente de vache desséchée au soleil. Si quelque chose manquait à l'énergie d'une telle démonstration, j'ajouterais que le pain est généralement cuit pour un an, qu'on le coupe à coups de hache, et que j'ai retrouvé en septembre une des fournées de ce pain par moi-même entamée en janvier.

Je me borne à citer ces particularités caractéristiques d'une situation qui tend malheureusement à se généraliser, et que nous expliquerons plus tard, en indiquant les moyens économiques d'y pourvoir. Je ne mettrai aucune réserve dans l'exposition du mal, parce que j'ai la conviction intime que le remède existe, qu'il est praticable, simple et à la disposition du pays. Jamais je ne me suis senti plus à l'aise dans une exploration économique ; jamais, à mon sens du moins, les fléaux qui désolent une population n'ont revêtu des formes plus nettes et plus tranchées que celles qui apparaissent à chaque pas, dans les Alpes, au voyageur attentif. Je les ai étudiées en parcourant la contrée au petit pas, de village en village, et j'ai trouvé tous les esprits d'accord sur la nature du mal et sur le remède, depuis les fonctionnaires les plus élevés jusqu'aux existences les plus modestes. L'Académie excusera donc, je l'espère, l'assurance et la vivacité de mon langage, que j'ai hâte de justifier par un examen approfondi de la condition agricole, c'est-à-dire de la condition économique tout entière de nos concitoyens des Alpes. Je les connais de longue date ; j'ai passé mon enfance au milieu d'eux, et si ce souvenir avait pu jeter quelque émotion dans mon esprit, la haute sagesse de l'Académie aurait suffi pour me rappeler à des appréciations exactes et à des jugements réfléchis.

Il n'y a que deux grandes routes royales qui parcourent les Alpes françaises dans le sens de leur longueur : celle de Briançon à Gap, qui suit le bassin de la Durance en passant par Embrun, et celle de Grenoble à Digne par le bassin du Drac. Celle-ci vient rejoindre la première sur les bords de la Durance à la hauteur de Sisteron, et se prolonge obliquement vers Nice, au travers du département des Basses-Alpes, par Barême et Castellane. C'est un des plus beaux travaux du gouvernement actuel, et l'on ne saurait lui comparer que la route de Grenoble à Briançon par la vallée de la Romanche, en cours d'exécution, et que j'ai pu suivre dans toute son étendue. Une nouvelle route parallèle à la ligne du Drac et à celle de la Durance [1], mais encore très-peu fréquentée parce qu'elle traverse un pays sauvage, s'élève à des hauteurs plus considérables que le Simplon et le mont Saint-Gothard. Il ne s'agit donc que de relier ces grandes artères par des communications départementales, aujourd'hui très-insuffisantes, et que nous prouverons bientôt être au-dessus des ressources de deux de ces départements. On se ferait toutefois une idée très-incomplète de la viabilité dans les Alpes, si l'on supposait que le régime des routes n'y est exposé qu'aux éléments de dégradation communs aux autres parties du territoire. Les ingénieurs des Alpes sont toujours sur le pied de guerre ;

[1] La route dite *de la Croix-Haute.*

l'hiver pour déblayer la voie, au printemps pour la rétablir, en été pour la défendre des ravages des torrents. Un vent chaud qui fait brusquement fondre les neiges, un orage suivi de pluies diluviennes, un troupeau de chèvres ou de moutons qui fait rouler une grêle de pierres, une avalanche qui tombe en travers du chemin, suffisent pour intercepter le passage. La nature abrupte et souvent effrayante du terrain ne permet pas d'éviter des pentes dangereuses, et force les ingénieurs de suspendre les routes sur des précipices dont la vue seule occasionne le vertige. Les ouvrages d'art se multiplient à chaque pas sous forme de ponts, de digues, de chaussées, de tunnels, où la poudre joue son rôle comme dans les batailles. Malgré ces efforts continuels, la circulation est très-souvent interrompue, et il se passe peu de mois sans que des aventures tragiques viennent jeter l'inquiétude et la terreur au sein des populations.

On devine aisément que la cherté des transports est la conséquence nécessaire d'un tel état de choses. En dehors de la ligne des routes roya-

les, il n'y a plus que des sentiers décorés du nom
trompeur de chemins de grande communication.
Ces sentiers, à peine praticables aux mulets, présentent en tout temps des dangers inconnus dans
les pays de plaine. La rencontre imprévue de
deux bêtes de somme chargées suffit pour déter-
miner leur chute au fond des précipices. Les en-
trepreneurs de transport risquent ainsi tous les
jours le capital qui les fait vivre, et leurs tarifs
doivent naturellement s'en ressentir. Souvent
même ils exposent leur propre vie, et il n'est pas
rare de rencontrer, le long de ces tristes solitudes,
des croix de bois qui attestent la fin malheu-
reuse de plus d'un muletier. Quand on s'élève
dans la région tout à fait sauvage, l'état des communications est plus étrange encore, ou plutôt
il n'y a plus de communication d'aucune sorte.
Un voyage de deux lieues peut être accompagné
de tant de périls, que nul n'ose l'entreprendre.
La vie sociale et de relation est suspendue. Les
enfants ne peuvent, durant des mois entiers,
aller à l'école, ni le prêtre quelquefois à l'église.
On a vu des communes manquer de sel, d'autres

privées de lumière et littéralement ensevelies sous une nappe de neige de plusieurs mètres d'épaisseur. Au mois de janvier dernier, sur la route royale de Gap à Grenoble, j'ai dû parcourir à pied la distance de deux relais de poste, et sous le ciel le plus pur, ébloui tout à la fois par l'éclat du soleil et par celui de la neige, j'ai éprouvé les effets les plus décevants du mirage et les plus cruels de l'ophthalmie.

La nature particulière des terrains alpestres ne contribue pas peu à la difficulté d'établir et surtout d'entretenir en bon état les routes. Ces terrains sont généralement schisteux et friables ; ils ressemblent à des détritus d'ardoises, et ils descendent avec la rapidité du sable sur les talus des montagnes, à l'aide des pluies d'orage, si fréquentes dans le pays. Le soleil les réduit en poussière et la pluie en boue. Les innombrables torrents qui sillonnent toutes les vallées ne permettent pas d'asseoir solidement sur leurs alluvions mobiles même les chemins de simple vicinalité. C'est une dépense qui ne saurait jamais être supportée par les populations rares et clair-

semées de ces contrées disgraciées, et il est ab-
solument indispensable que la communauté y
pourvoie, ainsi que nous le démontrerons plus
tard en traitant des voies et moyens, si nous ne
voulons que cette partie de nos frontières, dont la
population diminue tous les jours, ne devienne
un véritable désert. Déjà même il y a des points
stratégiques importants, nommément sur la route
de Grenoble à Briançon, où il est extrêmement
difficile d'assurer aux troupes expédiées vers nos
places fortes un gîte et des étapes tolérables.

Cependant l'action dévastatrice des torrents
n'est pas générale sur toute la ligne des Alpes, et
c'est ici qu'apparaît dans toute son évidence l'ob-
servation qu'on a faite de la diversité du climat
dans les quatre départements de notre frontière.
La plupart des montagnes du Dauphiné qui font
face à l'ouest sont presque toujours couvertes de
nuages, et plusieurs sont couronnées de glaces
éternelles. Il y règne une humidité constante qui
entretient la verdure au sein même de l'été, et on
en voit sourdre à chaque pas de nombreux filets
d'eau qui favorisent la végétation. Aussi sont-

elles peu ravagées par les torrents, et présentent-elles un aspect très-différent de celui du versant opposé, principalement dans la partie méridionale jusqu'à la mer. A l'atmosphère brumeuse de la vallée de la Romanche et de celle du Drac inférieur, succède tout à coup, comme dans une décoration de théâtre, le ciel éclatant et limpide des Alpes d'Embrun, de Gap, de Barcelonnette et de Digne, qui se maintient durant des mois entiers pur du moindre nuage, et qui engendre des sécheresses dont la longue durée n'est interrompue que par des orages pareils à ceux des tropiques. Le sol, dépouillé d'herbes et d'arbres par l'abus du pacage et par le déboisement, porphyrisé par un soleil brûlant, sans cohésion, sans point d'appui, se précipite alors dans le fond des vallées, tantôt sous forme de lave noire, jaune ou rougeâtre, puis par courants de galets, et même de blocs énormes qui bondissent avec un horrible fracas, et produisent dans leur course impétueuse les plus étranges bouleversements. Lorsqu'on examine d'un lieu élevé l'aspect d'une contrée ainsi ravinée, elle présente l'image de la désolation et de la mort. D'immenses lits de cailloux roulés, de plusieurs mètres d'épaisseur, couvrent au loin l'espace, débordent sur les plus grands arbres, les cernent, les couvrent jusqu'au sommet, et ne laissent pas même au laboureur une ombre d'espérance. Il n'y a rien de plus triste à voir que ces échancrures profondes des flancs de la montagne, qui semble avoir fait éruption sur la plaine pour l'inonder de débris. A mesure que ces flancs se creusent sous l'action du soleil qui réduit le roc en atomes, et de la pluie qui les charrie, le lit du torrent s'exhausse quelquefois de plusieurs mètres par année, jusqu'au point d'atteindre le tablier des ponts et de les emporter. On distingue à de grandes distances, au sortir de leurs gorges profondes, ces torrents étalés en éventails de 3,000 mètres d'envergure, bombés vers leur centre, inclinés sur leurs bords, et s'étendant comme un manteau de pierres sur toute la campagne.

Telle est leur physionomie quand ils sont à sec. Mais la parole humaine ne saurait décrire leurs ravages en termes capables de les faire compren-

dre, au moment de ces crues subites qui ne ressemblent à aucun des accidents ordinaires du
régime des eaux fluviales. Ce ne sont plus des
rivières débordées, mais de véritables lacs rou-
lant en cataractes, et poussant devant eux des
masses de pierres chassées par le flot, comme des
projectiles par le feu de la poudre. Quelquefois
ces murs de cailloux s'avancent seuls sans être
accompagnés d'une nappe d'eau visible, et leur
bruit est plus fort que celui du tonnerre. Un vent
violent les précède et annonce leur approche ;
puis l'on voit arriver des vagues d'eau bour-
beuse, et, au bout de quelques heures, tout est
rentré dans le morne silence qui plane sur ces
lieux. Mais ces crues désastreuses ont produit
aussi les effets les plus singuliers ; parfois le torrent déchaîné est tombé à angle droit sur une
rivière, et l'a forcée par le choc de remonter
vers sa source ; ailleurs, deux torrents, descendant
l'un vers l'autre de deux pentes opposées, se li-
vrent dans le lit même de la rivière qui les sépare
un combat gigantesque, et se mitraillent de leur
lave de cailloux. Ils affouillent profondément les

terres sur leur passage, les charrient au loin, pour atterrir plus loin encore et transplanter les héritages broyés et dispersés dans la campagne. Je ne donne ici qu'une imparfaite idée de ce fléau des Alpes, dont les ravages s'accroissent à vue d'œil sous l'influence du déboisement, et qui transforme chaque jour en stériles solitudes une partie de nos quatre départements frontières. J'y reviendrai. Il me reste à exposer les causes principales et les progrès du déboisement, avant d'apprécier l'état économique de la population des Alpes.

La description sommaire que nous venons de faire des montagnes et de l'action des torrents, a déjà mis en relief les caractères distinctifs de la contrée. C'est un pays de pâturages dans les régions supérieures, et de petite culture dans les vallées. Les forêts y sont fort rares et méritent à peine le nom de taillis. Généralement composées d'essences résineuses qui ne repoussent point du pied, et dont on ne peut abattre les vieux sujets sans endommager les petits, livrées en outre au bon plaisir de la toute-puissance communale, car elles appartiennent pour leur malheur aux communes, elles ont bientôt disparu sous la hache du bûcheron et sous la dent des animaux. Ce qui en reste ne suffit plus aujourd'hui aux besoins les plus urgents des populations. Dans une foule de localités, ce n'est pas seulement la futaie qui a péri, ce sont les broussailles, les buis, les genêts, les bruyères, dont les habitants se servaient tout à la fois pour faire du combustible, de la litière, et par conséquent des engrais. Le mal s'est aggravé à un tel point que les propriétaires ont dû réduire de moitié, souvent des trois cinquièmes, le nombre de leurs bestiaux, faute de l'élément indispensable pour les entretenir. En même temps que leur pauvreté croissait avec le déboisement, les habitants, désormais placés dans l'impossibilité de nourrir leurs moutons pendant toute l'année, se sont vus obligés de louer leurs pâturages à des propriétaires de troupeaux de la plaine du Rhône, qui viennent, pendant la saison chaude, chercher dans les Alpes une nourriture que la Camargue et ses prairies salées ne fournissent plus. Moyennant une rétribution fixée par tête de bétail, les communes abandonnent aux pâtres de la *Crau*, et même du Piémont, la jouissance de leurs domaines, qui sont dévastés avec une rapidité inouïe. Le dommage est d'autant plus grand et plus irréparable que des torrents s'emparent du sol et le sillonnent profondément aussitôt qu'il est déboisé. Les végétaux, grands ou petits, disparaissent, même dans les propriétés communales qu'on essaye de garder. Une loi du 20 juillet 1837 ayant mis à la charge des communes tous les frais de surveillance et de conservation des forêts, ou, pour mieux dire, du sol forestier, dont l'étendue est souvent immense et le produit nul dans ces régions, les frais de garde sont au-dessus des ressources des localités, et les habitants sont les plus ardents à détruire ce qu'ils considèrent comme leur propriété collective. Cette funeste tendance s'est manifestée principalement au commencement de la Révolution française, et n'a fait depuis que s'accroître sous l'empire de la nécessité. Elle est parvenue aujourd'hui à son comble, et il faut se hâter d'y mettre un terme, si l'on ne veut pas que le dernier habitant soit forcé de quitter la place avec le dernier arbre. Quiconque a visité la vallée

2.

de Barcelonnette, celle d'Embrun, du Verdon, et cette Arabie Pétrée des Hautes-Alpes qu'on nomme le Dévoluy, sait qu'il n'y a pas de temps à perdre, ou bien, dans cinquante ans d'ici, la France sera séparée du Piémont, comme l'Égypte de la Syrie, par un désert.

Je n'exagère rien. Quand j'aurai achevé mon excursion et désigné les lieux par leurs noms, il s'élèvera, j'en suis sûr, du sein de ces lieux mêmes, plus d'une voix pour attester la rigoureuse exactitude du tableau de leurs misères. Jamais je n'en ai vu de pareilles, même dans les villages de Kabyles de la province de Constantine; car enfin on pouvait y arriver à cheval: on y trouve de l'herbe au printemps, et dans plus de cinquante communes des Alpes on ne trouve rien. La culture de ces oasis désolées se compose de quelques champs de seigle que l'on sème dans de chétifs carrés de terre pierreuse, souvent emportés par les eaux. Les vêtements sont fournis par la laine des moutons, filée et tissée sur place. Les vallées chaudes produisent quelques milliers d'hectolitres de vins plats et épais. Heureux ceux qui possèdent un champ capable de suffire à la culture du blé! Le blé, c'est de l'or. On ne le consomme point, on le vend pour payer les impôts ou pour subvenir aux dépenses sacrées du foyer domestique. Et pourtant, si quelque jour cette contrée, aujourd'hui si triste, était rendue à elle-même, quelle ne serait pas sa richesse rien que par le moyen des troupeaux! Les Alpes sont la terre promise des bêtes à laine; elles y prospèrent comme dans un véritable Eldorado. Les moutons qui arrivent de la Camargue, exténués, amaigris, dépouillés, y respirent un air qui les ranime en peu de temps. Ils y multiplient avec une fécondité étonnante. Il ne s'agirait que de régler leur domaine pour qu'ils devinssent la providence du pays au lieu d'en être le fléau.

Je citerai pour exemple de ces pâturages magnifiques, dans les régions ménagées, le plateau du Lautaret, qui sert de limite climatérique aux deux versants, l'un brumeux, l'autre toujours serein, de la ligne des Alpes. C'est là que J.-J. Rousseau venait souvent herboriser avec délices, et que se donnent rendez-vous tous les botanistes de l'Europe, émerveillés des trésors de végétation que possède ce jardin naturel, sans égal peut-être dans le monde. Qu'on se figure un tapis de verdure de plus de 50 kilomètres carrés, tout d'une pièce, émaillé des fleurs les plus rares et les plus variées, d'où s'exhalent des vapeurs embaumées à toute heure du jour. L'herbe y est si épaisse qu'elle suffit à la conservation du sol, malgré le réseau de filets d'eau qui en sillonnent la surface dans tous les sens. Il n'a fallu, pour obtenir un pareil résultat, que maintenir un peu d'ordre sur cette vaste pelouse, dont il serait aisé de reproduire la richesse dans les autres parties des Alpes, en les plaçant, comme nous le dirons, sous la sauvegarde des lois forestières ; car, même sur les surfaces les plus dénudées, sur le roc presque vif, lorsque la nature n'est pas contrariée dans ses efforts par l'incurie de l'homme, on voit s'élever en peu de temps une végétation assez énergique pour consolider le terrain, et qui ne cesse de s'accroître, pourvu qu'on la préserve des atteintes des animaux.

Mais toute la région des Alpes n'est pas réduite à attendre son salut d'une lutte aussi longue et aussi difficile avec les éléments. A mesure qu'on descend vers la zone méridionale, soit dans le bassin de la Durance, soit dans celui du Verdon ou de la Bléone, la Provence apparaît déjà, riche de ses vergers d'amandiers, de pruniers et de ses champs de vignes. La culture y est plus riche et les irrigations savamment appropriées à la disposition du sol arable. Les maisons de campagne abondent surtout dans la vallée de Digne, l'une des plus riantes des Basses-Alpes. Quoiqu'on n'y éprouve pas, en certaines saisons, les brouillards humides qui couvrent les montagnes du Dauphiné, le déboisement y est moins général que dans le Dévoluy, dans la vallée de Barcelonnette et aux environs d'Embrun, de Chorges, de Savines. Cependant l'arrondissement de Castellane tout entier est réduit à un délabrement sur lequel j'aurai à appeler l'attention de l'Académie, comme sur le théâtre le plus curieux peut-être de toute la France, en matière de faits économiques. Là, dès qu'on est hors de la route nouvelle qui conduit de Digne à Antibes par Grasse, on trouve des populations plus éloignées de l'influence française que les îles Marquises, et l'on y pourrait faire, au moment où je parle, le plus intéressant voyage de découvertes. L'importation d'une brouette y produirait autant de sensation qu'une locomotive. On y vit sans cesse sous la menace des avalanches de neige en hiver, et des torrents furieux en été. On ne sait pas ce que nous entendons par routes départementales et chemins de grande communication. Les communications ne sont ni grandes ni petites : elles n'existent pas. On a vu le préfet bloqué par une crue du Var, avec son conseil de révision, et menacé de revenir au chef-lieu de son département en passant par les Etats sardes. Les torrents emportent chaque année une partie du sol cultivable, et les communes ne peuvent pas plus se défendre de leurs ravages que les particuliers. Sans cesse en lutte avec les éléments, l'habitant des Alpes, et surtout celui de ces régions excentriques, ne connaît guère des inventions de la civilisation que la douane et le fisc ; aucune miette du festin national n'arrive jusqu'à lui. Les conquêtes mêmes de nos arts augmentent son isolement et le lui rendent plus amer. Que lui

importe qu'on aille en deux jours de Paris à Marseille, s'il ne peut aller, lui, d'un village à l'autre
sans risque de la vie! N'est-ce pas une situation
digne d'intérêt que celle de ce peuple vivant de
la vie primitive, à quelques lieues de la civilisation la plus raffinée? Et n'a-t-il pas droit d'attendre qu'un jour quelque rayon de la justice dis-
tributive du pays pénétrera jusqu'à lui? J'espère
que l'Académie me permettra de le prouver, et de
continuer cette première esquisse du terrain et de
la question, nécessairement aride et incomplète,
dans une prochaine séance.

DEUXIÈME PARTIE.

L'Académie a pu juger, par les considérations générales que j'ai eu l'honneur de lui soumettre dans une précédente séance, combien il était nécessaire de préciser nettement le terrain de nos observations, pour éviter toute équivoque, et surtout le plus léger reproche d'exagération. Aussi avons-nous concentré nos explorations sur la ligne montagneuse qui court au travers des quatre départements que nous étions chargé de visiter. Il nous a paru sans utilité d'appeler l'attention sur les riches arrondissements de Vienne, de Latour-Dupin et de Saint-Marcellin dans l'Isère, et sur ceux de Draguignan et de Toulon dans le Var, où la culture est savante, le sol fécond et baigné, ici par le Rhône, plus loin par la Méditerranée. Ces belles régions sont pleines de vie et de mouvement, et leur prospérité chaque jour croissante offre le plus brillant contraste avec la misère des zones qui leur sont parallèles, sur toute la ligne des Alpes.

Il existe, d'ailleurs, une espèce de solidarité, j'ai presque dit une communauté d'infortunes et de besoins entre les parties des quatre départements alpins adossées à la frontière du Piémont. S'il pleut davantage dans les montagnes du Dauphiné, il règne des sécheresses plus meurtrières dans celles de la Provence, et la détresse y est la même, quoique les causes en soient différentes. Le même isolement condamne leurs industries à l'inactivité et réduit leur commerce au colportage. Les débordements torrentiels sont aussi dangereux sur les bords du Verdon et du Var que sur ceux de la Romanche et du Drac. Enfin, quoique les dialectes ne soient pas tout à fait semblables, de Grenoble à Antibes, les habitudes et les mœurs se ressemblent assez pour qu'il soit permis d'appliquer aux souffrances des populations, presque partout les mêmes remèdes. Ces maux peuvent donc se résumer en termes clairs et précis, et leur simple exposé renferme la question de vie ou de mort qui pèse sur la région où nous venons d'entrer.

On a vu qu'en dehors des deux routes royales qui descendent du nord au sud, les quatre départe-

ments de la frontière n'avaient ni rivières navigables, ni chemins de grande communication et de
vicinalité. L'entretien des routes royales coûte des
sommes immenses, à cause des ravages occasion-
nés par les torrents qui tombent à angles droits
sur tout leur parcours, et qui détruisent annuelle-
ment des travaux d'art considérables. Cette dépense ne s'élève pas à moins de 400,000 fr. par
an dans le seul département des Hautes-Alpes.
C'est, toute proportion gardée, le double de ce
qui serait nécessaire si le régime des eaux était
plus régulier et la contrée plus couverte d'arbres
et de végétation. On peut juger ainsi des sommes
qui seraient absorbées pour le simple entretien
des chemins vicinaux, infiniment plus nombreux,
si ces chemins existaient, et si, comme le veut la
loi, leur entretien était à la charge des communes.
Mais ces chemins n'existent pas, et leur seule ouverture, même sur une petite échelle, coûterait
presque autant que la création de plusieurs routes
royales.

Nous croyons pouvoir tirer de cette situation
deux conséquences également importantes : la pre-

mière, c'est qu'il est de l'intérêt de l'Etat de pourvoir lui-même aux moyens qui seront indiqués pour le reboisement ; car si les torrents étaient moins violents ou plus contenus, les routes royales seraient moins attaquées ; la seconde, c'est que la nature du sol et le caractère exceptionnel des lieux ne permettront jamais aux communes de se donner, en fait de communications, le strict nécessaire, et que, dès lors, c'est à l'Etat qu'il appartient de le leur donner, s'il attache quelque prix à leur existence. Cette double conséquence résume la pensée entière de notre travail, et se présente avec toute la force de l'évidence à quiconque voudra jeter un regard attentif sur la contrée. Il suffit d'étudier les difficultés que les ingénieurs ont eues à vaincre dans les routes ouvertes, au sein du Dauphiné, entre le bourg d'Oisans et Briançon, et dans la Provence, entre Barême et Grasse, pour reconnaître que, depuis l'Isère jusqu'au Var, la question est la même, et ne se résoudra partout que par la puissante intervention de l'État. C'est aussi la même question que l'État a déjà résolue en Corse, où les

Chambres ont dû classer comme routes royales des chemins qui n'auraient jamais été exécutés, ni peut-être tracés sans cet appui souverain.

Il est donc indispensable de démontrer l'impuissance des communes pour justifier la haute intervention du pays, c'est-à-dire le régime exceptionnel qui seul peut mettre un terme aux calamités dont ces quatre départements sont affligés. Dans l'état présent des choses, les éléments de destruction s'accroissent réellement à vue d'œil. On cite des torrents dont le lit s'est exhaussé de trois mètres en moins d'une année ; et depuis ma dernière lecture, j'ai reçu d'un haut fonctionnaire des Basses-Alpes la triste nouvelle que le Var avait emporté une partie de la vallée d'Entrevaux, sur l'extrême frontière de ce département. Les désastres se multiplient en progression géométrique, à mesure que les pentes se déboisent. Les terres supérieures roulent criblées en galets dans le fond des vallées qu'elles couvrent de leurs débris, et la ruine du dessus, comme disait un paysan, sert à précipiter la destruction du dessous. Rien ne peut arrêter cette fatale décadence. Aucun particulier n'est assez riche pour défendre sa propriété, aucune localité sa fortune territoriale. Bien plus, les uns et les autres sont condamnés à joindre leurs efforts à l'ennemi commun et à compromettre leur avenir pour satisfaire les besoins les plus impérieux du présent. Quelle puissance pourrait forcer les malheureux habitants du col de la Grave, en Dauphiné, par exemple, à respecter les rares touffes de buis ou de genêt qui poussent sur leur sol, lorsqu'ils sont réduits à chauffer leurs fours avec de la bouse de vache? Quelle démonstration économique arrêterait, sur le bord d'un pâturage conservateur, les bergers qui y conduisent leurs troupeaux affamés, ces troupeaux qui leur procurent tout à la fois la nourriture et le vêtement?

Aussi le mal est-il arrivé aujourd'hui à son comble, et c'est en vain que l'on essayerait de ramener les communes et les particuliers à des habitudes plus favorables aux intérêts de leur prospérité. J'ai vu de trop près l'acharnement désespéré des uns et des autres, pour croire à l'efficacité des conseils et des encouragements. Il suffit

de parcourir ces immenses déserts pour reconnaître l'impossibilité de les garder. On ne saurait
interdire aux propriétaires, sans dédommage-
ment, l'usage de leurs propriétés, aux communes la seule ressource qui leur reste dans leur
détresse. La plupart d'entre elles louent leurs
biens à des bergers du Midi qui les inondent de
troupeaux de 2, 3, 10, 15 et jusqu'à 20,000 tê-
tes. Ces troupeaux dévastateurs remontent à jour
fixe des plaines du littoral, et rongent à la manière des sauterelles l'herbe qui vient de naître ;
puis, à la moindre averse, la terre sillonnée par
ces milliers d'ongles pointus, descend en manière
de lave ou vole en poussière sous l'action réunie
du soleil et des vents. Ce n'est pas un revenu que
ce peuple consomme, c'est un capital, le plus pré-
cieux de tous, celui qui donne la vie à tous les
autres. Fut-il jamais condition pire au monde, et
plus déplorable dans un pays civilisé? Ainsi, nos
montagnards ont reçu le bienfait de deux routes
royales, mais ils n'y peuvent aboutir qu'avec de
grands périls et des dépenses au-dessus de leurs
forces; de sorte que, pour eux, ces grandes com-

munications sont à peu près stériles. Ils ne peuvent pas même entretenir à l'état de viabilité pour
les mulets les sentiers bordés de précipices qui
sont leurs routes départementales. Ils sont trop
pauvres pour défendre le peu de terres labourables qui leur restent par des endiguements sùffi-
sants, et leur résignation, en apparence apathique,
n'est que le fruit de leur impuissance plutôt que
le tort de leur intelligence ou de leur volonté.
Comment pourrait-on leur reprocher équitable-
ment les défrichements qui hâtent la déperdition
de leur sol, lorsque ces défrichements sont le seul
moyen qu'ils aient de rendre à la culture ce que
les torrents leur ont enlevé?

Voilà la véritable plaie de toute cette région
des Alpes françaises qui s'étend de la Savoie à la
Méditerranée. Je ne parle pas de la diminution
des sources, qui se fait sentir principalement dans
les Basses-Alpes et dans les montagnes du Var.
Les hauteurs du Dauphiné, généralement couronnées de nuages ou de glaciers, offrent en été de
vastes nappes de verdure qu'il suffirait de mieux
protéger ou de diviser par réserves, pour y voir

naître bientôt une végétation luxuriante et vigou-
reuse. Mais les Alpes de Provence sont devenues
effrayantes. On ne peut se faire une juste idée,
dans nos latitudes tempérées, de ces gorges brû-
lantes où il n'y a plus même un arbuste pour abri-
ter un oiseau, où le voyageur rencontre à peine
çà et là, dans l'été, quelques tiges desséchées de
lavande, où toutes les sources sont taries, où règne un morne silence à peine interrompu par le
bourdonnement des insectes. Tout à coup, si quelque orage éclate, ces bassins crevassés voient descendre du haut des montagnes des masses d'eau
qui dévastent sans arroser, qui inondent sans ra-
fraîchir, et qui laissent la terre plus désolée de
leur passage qu'elle ne l'était de leur absence.
Enfin l'homme se retire le dernier de ces affreuses
solitudes, et je n'ai plus trouvé cette année un
seul être vivant dans de chétives oasis où je me
souviens très-bien d'avoir reçu l'hospitalité, il y
a près de trente ans.

Le mal n'est pas partout aussi intense, mais,
comme nous l'avons déjà dit, il tend à se généraliser. Toute la vallée de la haute Durance est dans

un état de décadence visible. Le Buëch, le Drac, le Verdon, l'Asse, le Var et cent autres torrents dont les noms figurent à peine sur les cartes, poursuivent l'œuvre de destruction avec une rapidité qui ne connaît plus de limites. Les communes sont aussi impuissantes que les citoyens pour y mettre un terme, et les départements ne peuvent guère plus que les communes, car la dévastation descend de la hauteur des siècles autant que du sommet des montagnes. Que faire donc pour en finir avec elle? Nous avons vu que l'État avait un grand intérêt à diminuer l'énorme dépense d'entretien des routes que cette situation lui impose et qui s'élève à près de 500,000 fr. par année sur la ligne montueuse qui traverse les quatre départements. A ce premier motif d'intérêt on peut ajouter le besoin que l'État doit éprouver de conserver et même d'accroître la matière imposable. Or, cette matière diminue tous les jours dans la contrée qui nous occupe. Les dégrèvements et les non-valeurs se multiplient avec les sinistres. Richesse individuelle, richesse collective, pâturages, forêts, routes, tout dépérit dans ce cataclysme permanent qui ne saurait être conjuré désormais qu'à l'aide d'un système rationnel appliqué avec une volonté ferme et des ressources suffisantes.

Ni la science, ni l'administration, c'est notre bonheur de le reconnaître, n'ont failli à leur devoir envers nos malheureuses populations de la frontière des Alpes. La science avait déjà payé son tribut, même avant la Révolution de 1789. Saussure, Darluc, Papon avaient jeté un cri d'alarme que l'Empire a pu entendre, que la Restauration a répété et qu'il sera donné, sans doute, à notre Gouvernement actuel d'exaucer. Des administrateurs de tous les régimes, M. de Ladoucette, M. Dugied, M. de Villeneuve-Bargemont, et, parmi les ingénieurs, M. Fabre, et surtout M. Surrell, ont réduit la question du salut des Alpes à sa plus simple expression. Il n'y a plus aujourd'hui qu'à conclure. L'affaire est instruite, la discussion est épuisée, et, par un hasard fort rare dans les débats de ce genre, tout le monde est d'accord sur la nature du remède, sur l'urgence de l'appliquer, sur la possibilité d'en faire l'avance immédiatement, aujourd'hui, demain. Vous allez en juger. Je n'aurai ici d'autre mérite que celui de rapporteur, et s'il m'arrive d'affirmer avec plus d'assurance que de coutume, c'est que ma conviction s'est animée de tout ce qu'ont de poignant les douleurs de nos compatriotes et la situation critique de plus de cent communes menacées d'une ruine prochaine, inévitable, infaillible. Les remèdes proposés correspondent à la nature spéciale des causes de détresse qui ont été reconnues, du consentement unanime de la science et de l'administration. Je vais les exposer rapidement et avec ordre.

Il n'y a rien à faire au climat. Nulle puissance ne saurait dissiper les brouillards des Alpes dauphinoises, ni voiler le soleil toujours pur des Alpes de Provence. Mais on peut dès demain mettre un terme aux abus du parcours qui ruinent les pâturages sur les hauteurs des unes, et au gaspillage des bois qui dépouille les autres, en imposant à la propriété des conditions compatibles avec le droit des propriétaires, ou obtenues par une expropriation progressive pour cause d'utilité publique. Nous nous éloignons tous les jours davantage du temps où la propriété comportait le droit d'user et d'abuser. La loi a su trouver le moyen de la discipliner et de la rappeler, même entre les mains des particuliers, à sa destination providentielle et imprescriptible, qui est l'utilité générale. Quel inconvénient y aurait-il à ce qu'un propriétaire de landes abandonnées, dont il s'obstine à maintenir la stérilité, fût contraint de les reboiser, ou d'en céder l'inutile possession à l'État agissant pour tous et pour lui-même? Un fabricant a-t-il le droit d'abuser, même de ses enfants, dans sa manufacture, et la loi qui règle l'usage des eaux, des bois et des mines ne pourrait-elle régler aussi l'usage des steppes de montagnes dont le maintien est inconciliable avec la culture des vallées? « L'abus du droit de propriété déborde ici de toutes parts », disait naguère l'honorable préfet d'un de ces départements à son conseil général, et il avait raison. C'est par là qu'il faut commencer la restauration des Alpes. Il faut que la loi substitue son intelligence et sa volonté à l'insouciance et à l'aveuglement du plus grand nombre ; il faut qu'elle mette un frein à la cupidité qui déboise, comme elle défend à un imprudent de mettre le feu à sa propriété, afin de préserver de l'incendie la propriété de son voisin. On pourrait essayer cette grande réforme d'abord sur les terrains communaux, avec les ménagements commandés par la misère incontestable de leurs habitants, en restreignant peu à peu les zones de pâturage, et en faisant passer la plus grande partie du sol sous le régime forestier.

Il ne faut pourtant pas se dissimuler l'extrême insuffisance de ce moyen. S'il était appliqué sur une grande échelle et sans préparation, il provoquerait certainement sur plusieurs points du territoire l'émigration des habitants, en les forçant de renoncer à des coutumes séculaires, qui ont acquis dans ces contrées une sorte de consécration religieuse, supérieure même à l'autorité de la loi. J'aurai l'honneur de faire connaître plus tard à l'Académie le singulier état social que les migrations périodiques des troupeaux ont établi parmi les nombreuses tribus de bergers, et au sein même des populations qui leur afferment leurs montagnes. La modification de ce régime économique ne serait pas l'œuvre d'un jour ; car il faut vivre pendant que les réformes s'opèrent et que les montagnes se reboisent, et l'administration départementale aura plus d'une difficulté d'exécution à vaincre, même quand le principe de la réforme aura prévalu. Qui peut dire toutefois à quel degré inouï de prospérité on verrait s'élever, en peu de temps, les régions protégées contre la hache du bûcheron et la dent des troupeaux ? On en a pu juger déjà sur différents points, où, soit par la volonté des particuliers, soit par les sages résolutions des communes, quelques essais de défense ont été tentés. La nature y semble être accourue au-devant des efforts de l'homme, avec une promptitude de reproduction vraiment merveilleuse, et qui peut donner une juste idée des succès qu'on a droit d'attendre d'une opération méthodique, entreprise avec les ressources et les précautions nécessaires. Toutefois, il ne faut pas perdre de vue que, lorsque les terrains sont dégarnis de bois, les communes ne sauraient être contraintes, dans l'état actuel de la législation, à subir le régime forestier, et que nous sommes toujours ramenés à l'intervention de l'État.

Cette intervention est très-praticable en ce qui concerne les conditions à imposer à la propriété. C'est une question de jurisprudence administrative autant que civile, et elle n'est au-dessus ni du patriotisme, ni des lumières de nos hommes d'État. Reste à examiner la question financière, qui offre peut-être moins de difficultés à vaincre. Si, en effet, on ne peut contester que l'action destructive des torrents impose un surcroît de dépense annuelle à l'administration des ponts et chaussées, il est évident que tout sacrifice ayant pour résultat plus ou moins prochain de réduire ce surcroît de dépense, est une avance productive devant laquelle l'État ne saurait reculer sans dommage. L'amélioration croissante du sol forestier serait une véritable création de richesse, lente sans doute, mais certaine, et telle qu'il convient à un grand pays de l'obtenir. Les discussions qu'on pourrait redouter avec la propriété privée et les frais d'expropriation seraient peu à craindre, la majeure partie des bois et terrains vagues appartenant aux communes. Plus de 80,000 hectares sont ainsi disponibles dans l'Isère, 200,000 dans les Hautes-Alpes, plus de 150,000 dans les Basses-Alpes, et 50,000 environ dans la lisière orientale du Var. Un modeste crédit de 300,000 fr. par an, appliqué au reboisement, changerait en moins de cinquante ans la face du pays, où, comme en Afrique, les arbres deviennent énormes pourvu qu'ils soient protégés dans leur jeunesse. Une partie de ce crédit pourrait être employée à dédommager les communes de la perte du revenu que plusieurs d'entre elles retirent de la location de leurs pâturages aux *transumans* de la Provence.

Après les abus du déboisement et du pâturage, les plus graves de tous sont ceux du défrichement. Quoi de plus naturel, en apparence, que le droit de convertir en terres labourables des makis couverts de rares arbustes ou de quelques tristes bruyères ? Malheureusement, quand ces défrichements s'opèrent sur des pentes rapides, ils favorisent l'entraînement du sol, et ils fournissent un aliment nouveau à la fureur des torrents. Le roc vif ne tarde pas à être découvert ; et les eaux y glissent sans résistance, et retombent ensuite en cataractes dans les vallées. Il faudrait donc une loi spéciale pour régler le droit de défrichement. Les défrichements, assimilés aux entreprises industrielles insalubres, devraient être soumis aux enquêtes *de commodo et incommodo*, ou placés sous la tutelle d'un règlement d'administration publique. Une ancienne ordonnance de 1667 les avait défendus sur les terrains en pente non boisés, et nous croyons qu'il ne serait pas difficile de faire à ce sujet une bonne loi organique, qui réglerait la culture dans les montagnes, fixerait les talus des pentes, et devrait même réformer les erreurs du passé. On ne peut appliquer la législation des plaines de la Beauce et de la Brie à un sol et à un climat si différents sous tous les rapports. Ici, la végétation ne garantit pas seulement le revenu, mais le fonds; si vous arrachez un arbre ou un buisson, vous détruisez la place même qu'ils occupent : il ne reste plus rien.

Mais la législation qui mettrait un terme aux excès réunis du déboisement, du défrichement et du parcours, ne devant produire son effet qu'avec l'aide du temps, l'État aurait, dès aujourd'hui, à pourvoir à un danger d'autant plus pressant qu'il atteint précisément ce que les autres fléaux ont épargné. Nous voulons parler des inondations avec ravinage et excavation des terres, dans le fond des grands bassins des Alpes, tels que ceux de la Durance, du Drac, du Verdon et du Var. Quand on examine ces vallées du haut de quelque éminence, on aperçoit, sur les deux bords des rivières torrentielles qui les parcourent, de petites plaines généralement bien cultivées, assolées en prairies naturelles ou artificielles, et toujours plantées d'arbres fruitiers. C'est là que la fureur des eaux poursuit l'œuvre de destruction commencée sur les hauteurs, et fait subir à la propriété des métamorphoses très-souvent douloureuses. Les rivières, grossies du tribut de mille torrents, débordent sur les campagnes qui côtoient leur lit, en courant d'une rive à l'autre, selon le degré de résistance qu'elles rencontrent. Quand les communes et les particuliers peuvent se défendre par des digues ou des enrochements, la terre résiste et la rivière passe outre ; mais lorsque les ressources

locales ou individuelles ne permettent aucun effort
sérieux et efficace, la dévastation reprend son
cours, et l'on voit disparaître des prairies entières, des vergers, des jardins d'autant plus regret-
tables, qu'ils étaient généralement irrigués et
d'un rapport très-considérable. Aussi, de quelque point de vue qu'on envisage la question, on
est toujours ramené à l'intervention de l'État. Les
misérables secours accordés en cas de sinistres ne
représentent jamais que le quinzième ou le ving-
tième des pertes, et ne préservent pas les propriétés de ces attaques incessantes dont on ne saurait concevoir l'énergie dans nos pays de plaines
arrosées par des rivières paisibles.

L'endiguement des rivières torrentielles des Alpes ne peut pas être entrepris par des communes
ou par des particuliers ; les uns et les autres sont
trop pauvres. L'immensité d'une telle tâche est
évidemment au-dessus de leurs forces. D'ailleurs,
l'endiguement d'une rivière est une opération qui
appartient de droit à l'État, parce qu'elle exige
un plan méthodique et des dépenses, ici plus que
partout ailleurs, au-dessus des forces individuel-

les. Dans l'état présent de la législation, tous les efforts tentés par les nécessités de la défense n'ont abouti qu'à des procès interminables entre les propriétaires des deux rives, sans cesse disposés à rejeter les uns sur les autres le fléau des inondations, et condamnés à s'indemniser réciproquement d'un dommage dont ils sont innocents. Plus on étudie ces questions, plus on est étonné de l'isolement dans lequel la loi force les habitants de vivre dans une région où l'association serait leur seul moyen de salut. Il n'y a rien de plus bizarre et de plus singulier, en effet, que l'aspect des travaux décousus qui sont éparpillés sans ordre et sans système sur le bord des torrents et des rivières torrentielles dans toute la longueur de la ligne des Alpes. Tantôt ce sont de longs épis en travers, disposés comme les dents d'une crémaillère ; tantôt des levées en perré ; ici, des murs en pierres sèches ; plus loin, des constructions en maçonnerie ; ailleurs, des coffres en bois, des gabions à fascines remplis de pierres, des éperons de toutes sortes : mais de système, point. Nous ne craignons pas de dire qu'il y a toute une législation à créer, que les éléments en existent, presque tous éprouvés par le temps et par l'expérience, et qu'il ne leur manque que d'être coordonnés. Il ne faut pas non plus perdre de vue que l'État a d'autant plus de raisons de rester le maître absolu et le directeur de ces travaux, que leur exécution la plus parfaite entraîne chaque jour des conséquences inattendues. C'est ainsi que les endiguements exécutés dans le cours supérieur de l'Isère par le gouvernement sarde, ont donné aux crues de cette rivière, aujourd'hui plus resserrée entre ses rives, une force d'écoulement extraordinaire et pleine de dangers nouveaux. Quand les cours d'eaux sont de moindre importance et que l'endiguement de leur partie inférieure n'est pas accompagné de plantations dans la région élevée d'où ils descendent, les eaux se précipitent toujours avec leur masse inépuisable de cailloux roulés dont elles tapissent le fond du lit, qui s'exhausse ainsi continuellement, et qui finit par dominer toutes les terres cultivées.

La plupart des campagnes des Hautes et Basses-Alpes sont aujourd'hui menacées par ces atterrissements progressifs, et il n'est pas rare de voir les torrents dépasser les barrières qui les contiennent, et retomber de toute leur hauteur en manière de cataractes, j'ai presque dit en forme de douches, sur les terres qu'on leur a disputées. Le torrent *des Moulettes*, qui menace aujourd'hui d'une ruine imminente la vallée et la ville de Chorges, près de Gap, offre l'exemple le plus pittoresque et le plus effrayant de cette disposition. Chaque année, les habitants dépensent des sommes considérables pour élever leurs digues, que le torrent déborde impitoyablement, en s'étendant dans la banlieue comme un éventail de 3,000 mètres d'ouverture. Ils y ont englouti plus de 100,000 fr. de dépenses, et le mal ne cesse de s'accroître. Le savant ingénieur M. Surrell, qui a donné la théorie de ces ravages et proposé d'habiles moyens d'y remédier, assure que l'exhaussement successif des digues du Drac a déjà coûté, seulement depuis quinze ans, plus de 660,000 fr., et que si ces digues étaient surmontées, une partie de la ville de Grenoble serait submergée. De tels travaux sont donc au plus haut degré de la compétence exclusive de l'État. Il y faut sa puissance et sa prévoyance, sous peine de vivre d'expédients et de palliatifs, qui ne font qu'ajourner d'affreuses catastrophes. Ce n'est pas aux efforts des communes qu'ont été abandonnés l'assainissement des Marais-Pontins, ni ces magnifiques endiguements du Pô et de l'Adige, qui protégent les campagnes de la Lombardie.

La haute intervention de l'État, que nous appelons de tous nos vœux, aurait pour effet principal de généraliser des travaux qui doivent se prêter un mutuel appui et s'exécuter avec ensemble sur une grande échelle pour être réellement efficaces. Depuis quelques années, la destruction du territoire alpin s'opère avec une rapidité et une intensité incroyables. Tant que les arbres et les végétaux qui retenaient le sol sous le réseau de leurs racines ont opposé quelque résistance à l'action des eaux, le mal était partiel et isolé ; on souffrait sur quelques points, on respirait sur quelques autres : aujourd'hui on est atteint partout. Le défrichement a complété les ravages du parcours et du déboisement. La dévastation marche d'un pas de géant. Les instruments de ruine se sont perfectionnés et étendus. Ils ont gagné de la force en se succédant et en se combinant; on ne triomphera d'eux que par des combinaisons d'une puissance égale à la leur. Mais il faut se hâter, car l'œuvre d'anéantissement croît à vue d'œil. Rien ne peut arrêter sur une terre dénudée ces avalanches d'eau, de pierres et de neiges, qui sont comme les machines colossales du travail de la destruction. Nos pères les ont vues naître et nos enfants grandir sous leurs yeux. Puisqu'on sait comment elles se sont développées, on peut leur opposer des obstacles capables d'en arrêter l'essor. Puisque c'est le déboisement qui dispose la terre à s'écrouler, il faut planter pour la retenir. Puisque ce sont les troupeaux qui empêchent le reboisement, il faut cantonner les troupeaux. Puisque les défrichements favorisent les éboulements, il faut imposer à la culture des conditions et des limites. Enfin, puisque des endiguements partiels, sans ordre et sans système, n'opposent qu'une résistance insuffisante aux débordements, il convient de les soumettre à des règles générales qui embrassent le régime des cours d'eau tout entiers. Les travaux des particuliers dépassent rarement en efforts et en prévoyance l'étendue d'une génération ; l'État seul est assez puissant pour veiller sur l'avenir et pour faire des avances à la postérité. Que peuvent des particuliers, avec leurs faibles capitaux et le besoin de jouissances promptes, commandées par la brièveté de leur vie? L'État, qui dure, a seul le pouvoir de créer les choses durables. Dans les Alpes, plus qu'ailleurs, lui seul est capable de se mesurer avec la nature ennemie, avec l'espérance de la dompter.

Quel serait donc l'ensemble de mesures capables de mettre un terme à la situation que nous venons d'exposer ? La substitution d'une législation spéciale à la législation générale qui régit le pays. Les quatre départements des Alpes sont en état de siége perpétuel, sous la double influence du climat et de leur constitution topographique. Ils sont pauvres, et ils ont de plus grands obstacles à vaincre que les départements riches ; leur pauvreté s'accroît même en raison directe de ces obstacles. Ils s'y abîment de plus en plus, et sur quelques points de leur territoire la population est réduite à émigrer pendant une partie de l'année. Le seul moyen de la fixer au sol est de fixer le sol lui-même : toute la question est là. Ce grand travail de régénération exige une organisation savante dont les éléments, nous ne saurions trop le répéter, existent, et ont été préparés de longue main par le gouvernement. La théorie économique est ici, grâce à Dieu, parfaitement d'accord avec les vues pratiques de l'administration. Nous les résumerons en peu de mots, et nous devons dire que, sur divers points, les communes ont pris l'initiative et préludé, dans la limite de leurs forces, à des essais que l'État complétera bientôt, nous en avons l'espoir. Il est de toute nécessité que la loi ouvre un crédit spécial au reboisement ; il n'y faudrait pas plus de cent mille écus par année, au dire des plus experts, et cette avance serait recueillie un jour par le trésor lui-même, sous forme de forêts. Il conviendrait de retirer aux communes, à charge d'indemnité annuelle, la jouissance des terrains que leur misère les force de livrer au parcours des troupeaux voyageurs, d'en placer des parties définies sous le régime forestier, ce qui amènerait nécessairement la réduction, même locale, du nombre des bestiaux. Des règlements d'administration publique investiraient les préfets d'une surveillance plus générale et plus illimitée sur les défrichements en pente, sur la limite des pacages, à la manière des droits qu'ils exercent, ainsi que nous l'avons déjà dit, sur l'établissement des usines insalubres ou incommodes. Les endiguements, aujourd'hui abandonnés à l'action des particuliers par une législation dont l'insuffisance est démontrée, retomberaient pour une plus forte part à la charge de l'État. L'État y est d'ailleurs intéressé par ses routes qui suivent habituellement le fond des vallées, souvent le bord des rivières, et quelquefois le lit des torrents. Ce qu'il ferait pour tous, il le ferait surtout pour lui-même. C'est encore à l'État que, par dérogation à la législation générale, il appartiendra de se charger de certaines routes départementales, évidemment au-dessus des forces du département, et même de plusieurs chemins de grande communication, qui ne se feront jamais s'ils ne sont élevés à une classe supérieure. Eh quoi! messieurs, on peut aller en omnibus d'Alger à Medeah, de Cherchell à Milianah, de Mostaganem à Mascara, et de trois points de la côte au Chélif; je suis revenu moi-même en calèche, il y a trois ans, de Constantine à Philippeville, et nos concitoyens des Alpes ne peuvent se visiter, à deux lieues de distance, sans péril imminent de la vie! Et la France, qui inaugure à si grands frais de telles magnificences en Afrique, refuserait l'obole de Bélisaire à quatre départements habités par une population généreuse, paisible, et préposée à la garde de ses frontières! Un tel état ne peut durer, dès qu'on aura mis hors du vague le budget du système destiné à le faire cesser. Nous en exposerons la théorie dans une autre séance.

TROISIÈME PARTIE.

Nous avons exposé, dans les premières parties de ce rapport, la situation exceptionnelle et critique où se trouve toute la région montagneuse de nos quatre départements de la frontière des Alpes. Nous avons soigneusement décrit cette région délaissée, sur qui tombent quelques faibles rayons du foyer vivifiant qu'on appelle l'État, le gouvernement, le budget. Il faut examiner à présent ce que l'État pourrait faire dans les limites raisonnables du droit et du devoir, afin de rendre un peu de vie à cette zone mourante qui s'étend de l'Isère, le long des Alpes, jusqu'à l'embouchure du Var. On a vu que le revenu territorial de toute la contrée était insuffisant pour faire vivre, même d'une manière misérable, les trois ou quatre cent mille Français campés sur ces hauteurs. L'émigration augmente de jour en jour, et de périodique, devient permanente.

Il est impossible de rien prélever sur la production pour se défendre des maux présents, encore moins pour conjurer les maux de l'avenir. C'est un fait officiellement avéré, que l'impôt absorbe le cinquième du revenu dans les Alpes, tandis qu'il atteint à peine le dixième dans les autres départements.

L'Académie me dispensera de citer à l'appui de cette assertion les rapports de tous les préfets depuis le Consulat, ceux des ingénieurs, les doléances des conseils généraux, le cri de détresse universel des populations. Il est évident que les dépenses mises par les lois générales du pays à la charge des départements et des communes, ni les communes, ni les départements des Alpes, ne peuvent les supporter. Si ces dépenses sont des questions de vie ou de mort ; si, faute de les faire, le territoire est condamné à une destruction plus ou moins rapide, cette destruction s'opérera. Elle est en voie de s'opérer ; elle s'opère à vue d'œil.

Je ne crois pas sortir du cadre économique où je me suis renfermé, en posant la question de savoir si, la preuve étant acquise de l'impuissance absolue d'un département à se défendre contre la destruction de son territoire, ce territoire doit être abandonné à lui-même , parce qu'il existe une loi générale qui suppose à tous les départements des ressources égales à leurs besoins. Je demande si, en maintenant dans toute sa rigueur ce principe : *Dura lex, sed lex,* nous ne retombons pas, que l'Académie me pardonne ce mot, dans une sorte de *fédéralisme* légal, contraire au dogme scellé des sueurs et du sang de nos pères, au dogme de l'unité française, de l'association du faible et du fort, de la montagne et de la plaine, de la richesse et de la pauvreté. Je comprends qu'on dise à des particuliers peu aisés : Proportionnez vos dépenses, et, s'il se peut, vos besoins à vos revenus ; soyez vêtus légèrement, si vous n'avez pas de bon drap, et n'ayez pas des prétentions supérieures à votre fortune. Mais le même langage se peut-il adresser à des collections d'hommes qui gardent une vaste étendue de frontière, qui payent proportionnellement plus d'impôts que des concitoyens plus riches, et qui sont condamnés par leur situation géographique à ne connaître jamais ces merveilles de la civilisation appelées canaux, chemins de fer et machines à vapeur, tout en y contribuant par leur contingent de taxes? Un grand pays subordonne-t-il ses dépenses, ses générosités, si l'on veut, comme ferait un spéculateur vulgaire, à l'espoir d'un profit immédiat? Le gouvernement d'une grande nation procède-t-il à la façon des banques, et ne doit-il prêter qu'à courte échéance et sur trois signatures?

Telle est la question économique qu'il s'agit de résoudre pour arriver à des applications utiles au sujet qui nous occupe. On a vu que les quatre départements de la frontière des Alpes, atteints par le fléau des torrents, ne pouvaient remédier par leurs seules ressources aux causes naturelles et artificielles de la dévastation qui les accable. Ils ne peuvent construire des chemins vicinaux, parce que ces chemins coûteraient presque aussi cher que des routes royales; ni reboiser, parce que les reboisements exigent de grandes dépenses; ni s'endiguer, par le même motif, ni renoncer à laisser ravager leur sol par les troupeaux, parce qu'ils cesseraient d'avoir ainsi de quoi vivre. Ces faits sont aujourd'hui aussi clairs que le jour, et si je n'avais pas craint d'encourir un reproche dont j'ai déjà dû me défendre, j'aurais pu étaler sous les yeux de l'Académie un monceau de pièces justificatives qui auraient certainement paru sans réplique. Les départements des Alpes n'ont été négligés par leurs administrateurs sous aucun régime. Plusieurs de ces administrateurs ont laissé d'éloquents plaidoyers, fortifiés du savoir des ingénieurs les plus distingués, et il ne nous resterait rien à dire après eux si leur voix eût été entendue. Elle ne l'a pas été, suffisamment du moins, puisque la grande Thébaïde des Alpes attend encore un regard favorable des habitants de nos régions fortunées. Ce n'est pas la première fois qu'une question bien posée n'a manqué sa solution que pour avoir été présentée en temps peu propice. Le pays jugera si nous avons bien choisi le nôtre ; mais je crois avoir bien choisi mon terrain. C'est à la science qu'il appartient d'éclairer de son flambeau les sentiers difficiles de la législation économique ; c'est à l'Académie devant laquelle j'ai l'honneur de parler, qu'il convient de proposer toutes les applications généreuses et même hardies du grand principe de la solidarité nationale, qui fait la force et la gloire de notre pays.

Nous avons eu depuis quelques années des preuves éclatantes des dispositions du pays à entrer dans cette voie. La Corse a reçu de la munificence nationale un vote de plus de 13 millions pour se faire des routes départementales et communales; elle reçoit une subvention particulière de 400,000 fr. par an pour l'entretien du bataillon de voltigeurs destiné à la répression ou à la surveillance de ses propres contumaces. Les landes de Bordeaux ont vu leurs dunes se couvrir de forêts semées aux frais de l'État. La rive française du Rhin reçoit également du trésor une magnifique subvention destinée à protéger contre les attaques du grand fleuve, non pas les propriétés publiques, mais les propriétés privées, et les départements de l'ouest ont été récemment sillonnés de routes stratégiques, dont la politique leur a fait le présent un peu intéressé sans doute, mais d'une utilité incontestable. Les départements du sud-est seraient-ils oubliés, parce qu'ils n'ont jamais causé d'inquiétude à personne? Puisqu'il n'y a plus d'Armoricains en France, doit-il y avoir des Allobroges, ou bien seulement une grande famille de Français triomphant en commun des obstacles naturels comme des obstacles politiques? Un jour viendra sans doute où quelque voix plus éloquente que la nôtre demandera quelle était l'économie politique de la France à une époque où elle dotait une jeune colonie de plus de 80 millions de francs par année, tandis que, peut-être, on marchandait cent mille écus à quatre vieux départements, pour se refaire un peu de sol arable, pour arrêter leurs torrents, pour ne pas devenir ce qu'était l'Afrique au moment où celle-ci devint française. Enfin, trouveriez-vous ma réflexion indiscrète si je me bornais à exprimer l'espoir qu'on accordât à nos concitoyens des Alpes, pour se défendre des torrents, le modeste budget octroyé à la Corse pour se défendre des bandits? Quel contraste dans ce rapprochement : le budget d'un seul bataillon pour ouvrir une ère de réparation à quatre départements français! le refusera-t-on longtemps?

Il faut maintenant démontrer à l'aide de quelles

combinaisons ce secours pourrait être efficace ;
car ce qui doit vous frapper, ce me semble, c'est
son exiguité comparée à l'étendue des maux que
nous avons décrits. Je souhaite que l'Académie
soit bien convaincue que je m'appuie ici de l'autorité des hommes les plus compétents, et que je
me borne aux simples fonctions de rapporteur et
d'abréviateur, en résumant les voies et moyens
de législation, d'administration économique et de
finances qui ont été proposés à diverses époques,
et ajournés par une sorte de fatalité. Je ne dois
pas dissimuler qu'en première ligne il s'agit de
créer une législation spéciale pour des fléaux spé-
ciaux. Peu de mots suffiront pour en faire comprendre la nécessité.

L'expérience ayant prouvé que la formation des
torrents était due au déboisement du sol, principalement dans les lieux élevés, c'est là qu'il faut
porter surtout une main ferme et résolue. Les terrains, aujourd'hui à peu près de nulle valeur,
appartiennent la plupart aux communes, qui en
retirent un revenu minime, en même temps
qu'elles en éprouvent un dommage considérable.

Rien ne serait plus facile que de les leur acheter après avoir fait déclarer le reboisement travail d'utilité publique. Je ne soumettrai pas ces devis à l'Académie; ils existent, et ce n'est point à elle qu'il convient de les débattre et de les juger. Il suffit qu'elle sache que nulle opération ne serait maintenant plus simple et moins dispendieuse. On sait ce que coûterait un hectare de terre à semer et à entretenir. On a fait l'expérience de la promptitude avec laquelle les forêts, les makis et les broussailles se reproduisent, seulement quand l'homme s'abstient d'y mettre obstacle. Les propriétés ensemencées sur les pentes appartiennent généralement aux particuliers, et leur expropriation coûterait un peu plus cher que celle des terrains communaux; mais elles sont peu nombreuses, et la législation exceptionnelle à intervenir aurait pour résultat immédiat d'en arrêter l'accroissement au-dessus de certaines limites de pente dont le minimum serait fixé par des règlements d'administration publique.

On a proposé un moment de confier aux particuliers, en les récompensant par des primes, le soin de reboiser leurs montagnes. Mais il est facile de voir que le gouvernement seul peut mener à bonne fin une entreprise qui doit être exécutée systématiquement et sur une grande échelle pour réussir : le système doit être créé en même temps que la législation. Je n'en offrirai pas ici les détails si complétement étudiés par nos ingénieurs ; il suffit à l'Académie de savoir que rien ne manquera à ce travail aussitôt que la loi qui doit modifier le régime forestier des Alpes aura été rendue. Quelque avantage théorique qu'il y eût à posséder une législation forestière uniforme pour toute la France, le bon sens indique suffisamment que la loi des plaines ne saurait être celle des montagnes. Le défrichement n'a point d'inconvénient sérieux dans les plaines ; la terre reste et se cultive mieux. Quelquefois elle se vend avec plus d'avantage, et elle supporte beaucoup mieux le morcellement. Dans les Alpes, au contraire, le déboisement entraîne la perte du sol et ne saurait être toléré sans dommage : de là, la nécessité d'une législation particulière. N'avons-nous pas, dans la constitution même de la famille, le ré-

gime dotal et celui de la communauté pour répondre à des besoins et quelquefois à des préjugés
particuliers? La douane n'a-t-elle pas deux poids
et deux mesures, c'est-à-dire des droits différents,
suivant que les marchandises entrent par terre ou
par mer? Nos lois sont toutes pleines de conces-
sions à la faiblesse humaine, à la géographie, à
la politique; n'en pourrait-on pas faire une de
plus à la nécessité?

Le reboisement marcherait en effet d'un pas
rapide si les préfets étaient investis du droit de
mettre en réserve une partie des terrains et des
bois communaux que l'insouciance ou l'extrême
besoin livre au pacage et à la dévastation. La seule
délimitation des zones de dépaissance aurait des
résultats prodigieux. En vain ferait-on observer
que ce serait frapper d'interdiction l'unique industrie du pauvre : les troupeaux des Alpes n'appartiennent point aux pauvres, mais aux gens
aisés, et particulièrement à des étrangers. Ce ne
sont pas les moutons des Alpes qui dévastent les
Alpes; ce sont les moutons des Bouches-du-Rhône
et du Piémont, dont le nombre est six ou huit fois

plus considérable. Les hautes régions de la montagne subissent chaque année une véritable invasion de barbares, qui détruisent pour cent mille écus et ne dédommagent pas pour 30,000 fr. Les pâtres voyageurs payent 50 c. environ par tête de bétail pour droit de séjour, rente misérable, moyennant laquelle les gens du pays s'abstiennent d'élever des moutons, dont le produit net serait de 3 fr. par année, et le nombre dix fois moins destructeur. Les troupeaux de passage sont les machines de ce pays-là. Ils ont substitué un mode de production ruineux à la production patriarcale des anciens temps. Ils traînent partout sur leurs pas, comme font trop souvent les machines de notre système industriel, l'indiscipline et la démoralisation. On n'a plus en vue que la rente, et l'on néglige le travail. Les communes des Alpes ont pris les habitudes de ces grands seigneurs d'Écosse qui renvoyaient les cultivateurs de leurs domaines pour les mettre en pacage, et nous avons retrouvé dans nos montagnes les maximes fatales qui maintiennent en Espagne le fléau de *la Mesta*, dans le royaume de Naples le *tavogliere di Puglia*, et dans les États du pape la désolation de la campagne de Rome.

C'est ce régime qu'il s'agit de modifier, en remplaçant l'anarchie actuelle par des règlements appropriés aux besoins des localités. Je sais, messieurs, que le temps où nous vivons est peu favorable aux habitudes réglementaires, et peut-être trouverez-vous qu'il est inopportun de solliciter une législation exceptionnelle, en présence de l'arsenal de lois que nous ont légué tous les gouvernements de notre pays. Mais quand une législation, bonne sur certains points, est reconnue vicieuse et nuisible sur quelques autres, c'est le devoir des hommes qui croient apercevoir clairement en quoi ces lois blessent les intérêts de leurs concitoyens, de provoquer les changements que l'expérience a indiqués. Si j'étais jurisconsulte ou administrateur, je serais peut-être arrêté tout court par l'état actuel de la législation ; économiste, je propose ce qui me semble indispensable, sans prétendre imposer le moindre joug aux moindres fonctionnaires ni aux plus élevés. Quelqu'un s'offense-t-il des règlements qui restreignent l'exercice de la chasse ? Pourquoi ne restreindraiton pas, dans un but évident d'utilité publique, la circulation des troupeaux ? Je signale avec intention ce fait entre mille autres, afin d'éclairer la voie où quelques bons esprits pourraient craindre d'entrer, quoiqu'elle me paraisse aussi légitime que sûre, et surtout parce que de tels rapprochements feront mieux comprendre ma pensée.

Jamais mesure d'utilité publique n'a été mieux justifiée que ne le seraient les entraves salutaires dont nous venons de parler. Les habitants ne tarderaient pas à éprouver eux-mêmes les bons effets du reboisement. L'eau et le bois leur reviendraient en même temps. Les troupeaux surveillés leur donneraient bientôt un revenu plus considérable que les troupeaux errants qui ravagent leur territoire. Le sol montueux des Alpes, vraie patrie des forêts, serait rendu à sa destination naturelle et primitive. N'est-ce pas dans les Vosges, dans les Pyrénées, dans l'île de Corse, dans les parties montagneuses de la Bohême, de la Savoie, que les forêts tiennent encore en dépôt de précieuses ressources à peu près épuisées dans les plaines ? Les terrains des Alpes ne peuvent être utilisés qu'en bois et en pâturages ; et nous revenons par toutes les voies à cette conclusion inévitable, que le désert s'y fera si le gouvernement ne plante, puisque les habitants sont hors d'état de planter. La loi qui réglerait le parcours des troupeaux et le reboisement devra régler aussi les défrichements. Il suffirait peut-être de remettre en vigueur l'ordonnance de Colbert de 1667, qui prononçait une amende de 3,000 francs contre ceux qui défricheraient les terrains en pente non boisés. Un ancien préfet des Basses-Alpes, M. Dugied, a exposé, dans un très-beau mémoire, toute la théorie de ce système, et le budget raisonné du reboisement par l'État. Il a démontré, avec la plus grande évidence, que le trésor public rentrerait dans ses avances en moins de cinquante ans, au moyen de l'ensemencement graduel de **2** à **3,000** hectares par an. Il a donné les tables de l'accroissement du domaine forestier sous la loi du régime nouveau, mille fois plus facile à exécuter que ne l'ont été les œuvres de nos ingénieurs, au sein de ces mêmes Alpes, sous forme de routes, de ponts et de rochers ouverts par la poudre. Nous sommes tellement accoutumés aux entreprises merveilleuses, que peut-être la question de réparation du sol des Alpes paraîtra vulgaire et banale à quelques esprits. Notre temps procède encore trop volontiers d'une manière théâtrale en toute chose, pour se résigner à des entreprises simples qui ne demandent que de la persévérance.

Et quoi de plus simple que de planter modestement chaque année 7 à 8,000 hectares sur la ligne de faîte des Alpes, depuis le Dauphiné jusqu'à la mer !

Vous le voyez pourtant, messieurs, tout se lie admirablement dans ce système, qui se compose de moyens législatifs, administratifs et financiers. Les lois ne coûtent rien, l'action administrative coûterait fort peu, quelques nouveaux gardes forestiers tout au plus, et le budget des plantations ne dépasserait pas 400,000 francs par année, dont 150,000 francs pour chacun des départements des Hautes et Basses-Alpes, et 100,000 francs à répartir entre les départements de l'Isère et du Var. La mise en réserve, ordonnée avec les ménagements dus aux besoins des populations. protégerait les premières opérations du reboisement, la défense de défricher sans conditions assurerait la *consolidation* du sol. La science a prouvé que le vrai moyen d'attaquer les torrents, de *les éteindre*, selon l'heureuse expression de l'ingénieur qui a le mieux connu ce pays, était de couronner leurs sources de verdure, au lieu d'endiguer leur cours inférieur. Ces sources ont coulé jadis plus abondantes, à l'ombre des forêts primitives dont la trace se retrouve à chaque pas. Pourquoi ne renaîtraient-elles point partout où elles ont tari, si la main de l'homme leur restituait l'ombrage qui les a si longtemps protégées ? Quant aux endiguements, dont le double but est de garantir la terre des vallées, la seule à peu près qui subsiste aujourd'hui, et de créer un nouveau sol conquis sur le galet des rivières, nous ne craignons pas d'affirmer que la dépense considérable et insuffisante qu'ils occasionnent chaque année diminuera sensiblement sous l'influence du reboisement. C'est la violence des torrents qui produit les débordements et les divagations dévastatrices des rivières ; en modérant l'action des uns, on réduit nécessairement les ravages des autres, et par conséquent la dépense indispensable pour s'en défendre. L'Académie ne saurait apprécier à leur juste valeur, par des comparaisons tirées des débordements de nos pacifiques rivières, le dommage causé aux vallées des Alpes par ces terribles cours d'eau qu'on nomme la Durance, le Verdon, la Bléone, l'Asse ou le Var. Les gaves les plus furieux des Pyrénées ont une allure cent fois moins impétueuse. La Saône, l'Yonne, la Marne, la Seine, couvrent le sol qu'elles inondent et le fertilisent souvent; elles ne l'emportent jamais. Les rivières torrentielles des Alpes agissent à la manière du feu ; elles rongent, elles creusent, elles dévorent. Il n'est pas rare de voir des affouillements de 3 à 4 mètres atteindre jusqu'aux sabots des pilotis et raser des murailles bâties à chaux et à ciment, comme la faux renverse l'herbe, en quelques heures, en un clin d'œil. Que peuvent contre de tels météores les faibles ressources des communes? A quoi leur servirait de se syndiquer, de se coaliser contre un ennemi qui se rit du syndicat de la misère et de l'impuissance?

L'Académie sait qu'un décret du 4 thermidor an VIII a soumis les torrents à un régime particulier et les a placés sous la surveillance de l'administration. Quand les ravages commencent sur une rive ou sur l'autre, les propriétaires riverains se réunissent afin d'obtenir de l'autorité l'examen de l'état des choses et des indications pour y pourvoir. Un ingénieur trace le plan de défense, des adjudicataires l'exécutent, et les propriétaires payent, s'ils ont de l'argent; s'ils n'en ont point ou s'ils n'en ont pas assez pour suffire aux exigences des circonstances, ce qui est le plus ordinaire, ils se bornent à des travaux improvisés sur les points les plus compromis. La rive est bardée de pierres, de gabions ou d'épis, défendue sur un point, ouverte sur un autre ; les eaux sont repoussées des lieux forts sur les lieux faibles, et serpentent ainsi de bord en bord, en semant sur leur route capricieuse la destruction et les procès. J'ai dit les procès, qui achèvent l'œuvre des torrents, et qui naissent là du décret de thermidor comme ici de nos autres lois, mais plus désastreux, en ce sens que c'est le désespoir qui les intente à la misère, et l'administration qui les fournit, sans le vouloir, à la justice. Il arrive, en effet, tous les jours, en vertu de cet étrange décret dont le moindre défaut est d'être fort obscur, que des propriétaires qui se sont défendus au moyen de travaux approuvés par l'administration peuvent être poursuivis devant les tribunaux pour le dommage causé par ces travaux aux propriétaires de la rive opposée. En même temps qu'on se défend soi-même, le plus souvent il faut indemniser ses voisins, et plus d'un citoyen menacé préfère attendre son salut du caprice des torrents, plutôt que de l'acheter au prix d'un sacrifice dont la limite est inconnue.

Plus on étudie la situation économique de ces régions exceptionnelles, où tout est si différent du reste de la France, configuration extérieure, montagnes, cours d'eau, climat, tout, excepté l'intelligence et le patriotisme, plus on est convaincu qu'il est indispensable d'opposer, comme nous l'avons dit, une législation spéciale à des maux sans pareils. La lutte que les habitants ont à soutenir est vraiment gigantesque et au-dessus de leurs forces. Quand les difficultés s'aplanissent chaque jour devant la puissance du travail national sur les points du territoire où elles sont le moins grandes, elles augmentent évidemment dans les départements des Alpes, où les moyens d'y résister deviennent de plus en plus insuffisants. Il s'établirait ainsi, si une telle anomalie continuait d'exister, diverses catégories de citoyens, les uns privilégiés tout à la fois de la nature et des lois, à qui la Providence a tout donné, à qui les lois donnent toujours ; les autres qui sont postés comme des sentinelles perdues, à la cime des montagnes, pour n'y être jamais relevées.

Messieurs, la France n'a jamais eu besoin d'un désert pour avant-garde, et croyez-en ma sincérité, ma parfaite connaissance des lieux, parcourus pied à pied, village par village, il se fait un vide immense, une Arabie pétrée sur toute cette frontière. Je ne saurais trop le redire, ces quatre départements n'ont qu'une seule issue vraiment commerciale sur l'Italie, c'est l'entrée par Nice ; celle du mont Genèvre est fermée, c'est-à-dire la plus sûre et la plus naturelle. Briançon n'est qu'une impasse dont Grenoble est l'entrée, Gap ne mène à rien, Digne est acculé aux Alpes maritimes, tout le nord-est du Var est une vaste solitude. Qui donc pourrait peindre en traits assez fidèles cette immobilité sinistre de toute une ligne frontière, à qui connaît la vie active qui règne habituellement aux points de jonction des empires?

Je ne l'ai essayé que pour faire sentir le danger de persister plus longtemps dans la distraction que nous causent les grandes entreprises nationales de notre temps. Il ne faut pas que l'attention et les efforts publics se concentrent exclusivement sur certains points et sur certains travaux. Prenez garde que le prestige qui s'attache à vos chemins de fer ne vous fasse oublier vos chemins vicinaux. Amenez des eaux à Marseille sur un aqueduc plus hardi que celui du Gard, mais songez que la Provence a soif d'irrigations sur toute sa surface. Couvrez la France septentrionale de canaux et de routes, mais sachez que le sud-est a des besoins si urgents que la misère de vos plus infimes villages serait de la prospérité pour les siens. Là, messieurs,

personne n'élève une voix exigeante vers les pouvoirs publics. Il n'y a ni comité prohibitif, ni
comité vinicole, ni journaux agressifs, ni émeutes
d'ouvriers, ni résistance d'aucune espèce à la loi.
Les lois qui font mourir ce pays sont celles qui
nous font vivre. Nos lois, si j'ose dire, sont des
lois de plaine, et il faudrait là, nous les avons
indiquées, des lois de montagne. Presque tous
nos départements sont assez riches pour accroître
et entretenir leur viabilité ; les quatre départements frontières ne le peuvent pas, du moins,
sur une échelle suffisante. Parcourez l'arrondissement de Briançon et ceux d'Embrun, de Barcelonnette, de Castellane et de Digne, et comparez
cette décadence à l'éclat dont brillent les autres
régions du territoire, même les plus disgraciées.
La différence est immense. Il doit m'être permis
de le constater après plus de quinze voyages d'études sur tous les points du royaume.

En l'exposant ici, messieurs, en termes nets et
précis, mon but a été de répondre, selon mes
forces, à la confiance dont l'Académie m'a honoré.
Je ne vois pas sans préoccupation la tendance

économique de notre civilisation. Je crains qu'à
une révolution violente qui a renversé les privi-
léges, nous ne voyions succéder bientôt une
réaction qui les reconstitue sur d'autres bases. Il
me semble que nous refaisons les trois ordres entre
les territoires depuis que nous ne les avons plus
entre les citoyens. Nous ne marchons point, il est
vrai, par système à ce résultat singulier, nous y
sommes entraînés à notre insu. Il y a encore des
départements prépondérants, comme il y avait
jadis des hommes de qualité. Les uns attirent à
eux les chemins de fer; d'autres, les paquebots
atlantiques, ou les grandes commandes de l'État.
Au moyen des prohibitions ou des droits élevés,
on fait le vide sur une frontière, et on enrichit
les producteurs de l'intérieur. A l'aide d'un en-
trepôt longtemps refusé à Strasbourg, on a assuré
les bénéfices du transit à la ville du Havre. Si
jamais la grande voix de l'intérêt général, protec-
trice des faibles et des absents, cessait de dominer
les clameurs isolées des intérêts locaux plus habi-
lement défendus, que deviendraient tels départements moins puissants par le nombre de leurs

députés et par le poids qu'ils auraient à mettre dans la balance politique ? Je n'en dirai pas davantage sur ce point. Une telle question mérite de plus amples développements, et peut-être, si l'Académie ne la trouve pas trop hardie, la traiterai-je quelque jour devant elle. Plus j'observe la marche économique de notre pays et de notre temps, plus je suis frappé de cette nouvelle tendance à l'enrichissement des pays riches, à l'appauvrissement des pays pauvres, tendance dont le sort des quatre départements de la frontière des Alpes offre un exemple frappant et digne de méditation.

OBSERVATIONS

DE

MM. PASSY, DUPIN AINÉ,
COMTE PORTALIS ET BLANQUI.

———

La lecture du Mémoire précédent a motivé les observations qui suivent.

M. Passy. Sur le fond de la question, il ne peut subsister de doutes. Le mal est bien tel que le décrit M. Blanqui ; mais ce sont ses causes qui ne me paraissent pas indiquées avec toute la précision désirable. A n'en juger que par ce que nous avons entendu, on devrait croire qu'il s'agit d'une situation amenée par des accidents extraordinaires, et que l'administration a laissé ces populations sans défense contre un fléau dont elle pouvait les préserver. Or, c'est le contraire qui est vrai. Ces immenses terrains, aujourd'hui dénudés et devenus stériles, qui forment les sommets et les pentes des montagnes, étaient autrefois couverts de forêts et de pâturages, et c'est parcequ'ils appartiennent aux communes qu'ils se sont transformés en misérables friches. Les biens communaux sont toujours mal gérés par des administrations collectives, qui n'ont ni la force ni souvent le désir de les faire respecter. Dans les Alpes, il y avait des forêts de deux sortes, les unes formées d'arbres résineux, les autres de bois feuillers. Arrivées à leur maturité, ces forêts ont été abattues, et le fonds a péri. Pour les bois résineux, il aurait fallu faire quelques frais pour leur régénération, et les communes les ont laissés à l'abandou ; pour les bois feuillers, elles y ont laissé pénétrer les troupeaux dont la dent a ruiné les souches, et ces bois aussi ont péri. Puis les eaux ont lavé des terrains où rien ne retenait le sol, et le mal s'est aggravé et répandu de proche en proche. M. Blanqui a dû voir que là où existent des propriétés privées dans les Hautes-Alpes, les pâturages bien entretenus sont en très-bon état, et ce contraste entre les biens des particuliers et les biens dont tous ont l'usage aurait pu lui faire remarquer et la source du mal et le remède.

En effet, quel est le remède ? Il faut intervenir

dans la gestion des biens communaux, les administrer aux lieu et place de ceux qui les ont administrés jusqu'à ce jour. Moyennant 60 ou 80 francs par hectare, on pourrait recréer les forêts ; mais il ne faut pas imaginer qu'il faille en faire partout. Une des causes qui en a amené la ruine, c'est qu'elles rapportent fort peu en raison de leur étendue et des difficultés du transport, et il faut maintenant s'occuper d'une distribution du sol qui laisse le plus de place possible aux pâturages qui, lorsqu'ils sont bien entretenus, suffisent sur beaucoup de pentes à l'absorption des eaux et au maintien des terres. Tout cela est possible à prix d'argent ; mais voici l'obstacle. Pour rétablir et ensemencer des bois, pour améliorer et consolider des futaies, il faut réduire immédiatement l'espace affecté aux troupeaux, devenus la seule ressource des populations. Or, les communes s'arrangeront-elles de l'opération qui seule serait efficace? les conseils communaux y donneront-ils leur consentement? C'est fort douteux. Il y aura un préjudice immédiat, et comment le faire supporter à ceux qui auront à en souffrir, et n'en seront dédommagés que dans un avenir assez éloigné? Les populations des Alpes n'ont pas d'industrie, de travail qui leur vienne en aide; elles n'en vont pas chercher au loin comme les Savoyards, comme les habitants des montagnes de l'intérieur de la France. Sur 500,000 hectares, 200,000 sont propriétés communales; en admettant qu'on opère chaque année sur quelques milliers, ce seront des ressources momentanément supprimées, et dont le déficit sera difficile à supporter. Pour ce qui concerne l'administration, je crois qu'il ne faut pas la représenter comme ayant été indifférente au mal actuel; elle a toujours cherché à le combattre, sous l'Empire, sous la Restauration comme sous le gouvernement actuel. Maintenant, pour les torrents, on a travaillé à contenir leurs ravages; là, je crains qu'on se soit mépris sur le remède. L'endiguement et les ponts ont produit ou aggravé, dans certains cas, les inondations; je le crois du moins; je ne l'affirme pas. C'est ici une de ces questions que les hommes de l'art ont à étudier, et sur lesquelles je ne crois pas qu'ils soient d'accord.

Le Mémoire de M. Blanqui, si remarquable sous d'autres rapports, a ce tort, de ne pas faire à chacun la part de reproches qui doit lui revenir. Il faut que les populations le sachent dans leur intérêt : ce sont elles qui, par leur manque de prévoyance, leur répugnance à se prêter aux faibles sacrifices que réclamaient le reboisement du sol et l'entretien des futaies, sont les véritables auteurs du mal dont elles se plaignent. M. Blanqui croit ces départements surtaxés. Non. Ce sont eux qui ont été le plus ménagés. Mais il est tout simple qu'en laissant dépérir des biens qui importaient à la richesse du sol, ils soient mal à l'aise, puisque l'impôt est demeuré le même sur des portions de sol qui ont perdu leur ancienne capacité productive. Au reste, la moyenne, eu égard même à l'état présent du produit, est encore bien inférieure à celle du plus grand nombre des départements de la France.

M. Passy observe encore que ce qui se passe dans les Alpes, sur une si vaste échelle, n'est qu'un effet connu dans les autres départements. Quand, au milieu des prairies d'une vallée, vous

en voyez en plus mauvais état que les autres, af-
firmons, sans hésiter, qu'elles sont bien com-
munal.

Je crois, ajoute M. Passy, que M. Blanqui n'ap-
précie pas assez l'énorme difficulté qu'il y a à faire
la part du présent et à décider les conseils communaux à céder. On ne peut rien faire sans laisser
les populations dans un malaise plus grand pendant un certain temps, sans réagir sur les propriétaires de troupeaux qui envoient leurs moutons hiverner dans les montagnes, moyennant un
prix par tête dont profitent les communes ; et,
tout en étant pleinement d'avis qu'il importe qu'on
ait un parti pris et qu'on l'exécute, dût-on rencontrer des résistances sérieuses de la part des
populations mêmes qu'on veut favoriser et sauver
d'une ruine inévitable si les choses restent ce
qu'elles sont, je m'explique bien les longues hé-
sitations de l'administration, et ne suis pas dis-
posé à les lui imputer à détriment.

M. BLANQUI. Il résulte des paroles de M. Passy,
que l'administration s'est occupée de la question ;
mais tout est resté sur le papier. Les ingénieurs,

les préfets ont préparé le travail : aujourd'hui que l'affaire est instruite, nous demandons qu'on se mette à l'œuvre. Comme les choses à faire peuvent s'exécuter à bon marché, comme les hommes de l'art s'accordent à dire que les déboisements occasionnent les torrents, et qu'il faut, par suite, reboiser le sommet des montagnes, les communes ne le pouvant pas, il faut donc le faire pour elles, ou déclarer qu'on veut rester inactif. Ces départements se dépeuplent et s'en vont ; la terre disparaît.

M. Passy. Le reboisement est nécessaire pour certaines parties ; mais il faut se garder de croire qu'il puisse enrichir les populations, poussé au delà d'une certaine mesure. Supposez qu'on reboise les 200,000 hectares des Hautes-Alpes : une telle masse de bois serait sans valeur aucune, et il ne faut reboiser, à mon avis du moins, que dans l'intérêt météorologique. Les bois, certes, contribuent à retenir les terres ; mais cela, suivant leur essence ; et de bons pâturages suffisent quand les pentes n'ont qu'un degré connu d'inclinaison. Il est même certain que les herbes facilitent l'infiltration des eaux aussi bien que les futaies, sur lesquelles le terrain durci et desséché n'est pas toujours perméable. L'avantage des bois, c'est d'arrêter et de faciliter les pluies ; mais il n'en faut pour cela qu'une certaine quantité ; et on comprend aisément qu'il soit essentiel de faire aux pâturages, qui sont une source de bien-être immédiat et constant, la plus large part possible.

M. BLANQUI. Le bois a plus de valeur que ne pense M. Passy, dans un pays où le four se chauffe avec de la bouse de vache, et où les constructions, faute de bois, se font en pierre sèche. Le bois sert beaucoup, et son mélange avec le gazonnement est utile ; le dommage sera seulement pour les moutons. Nous ne sommes pas dans le vague, comme on croit.

M. DUPIN. La question importante est celle des voies et des moyens ; dans la pensée de M. Blanqui, le sacrifice qu'il s'agit d'imposer à l'État aurait pour point de départ cette idée, que le gouvernement, ou, si l'on veut, la société, n'a pas été juste envers les départements des Alpes et quelques autres contrées pauvres, moins favorisés que certains pays riches pour lesquels on a beaucoup fait ! C'est là une grave assertion ; je suis loin de la tenir pour vraie et d'accorder ce que dit notre honorable collègue, que l'administration, par ses procédés, aurait substitué une aristocratie de terrains à une aristocratie de personnes. Les contrastes sont dans la nature ; il y a des pygmées, il y a des géants ; des hommes stupides et des esprits éclairés ; il y a de bons et de mauvais terrains ; et la société n'est pas obligée de réparer et de corriger toutes les inégalités, toutes les dissemblances qui ne procèdent pas de son fait, mais de la nature des choses. Le terrain qui est placé au pied du Vésuve, et que menacent de continuelles éruptions, ne vaut pas la terre de Labour, les Landes ne valent pas la Beauce ; mais, de toute ancienneté aussi, ce qui vaut moins se paye et se vend moins cher ; il y a un équilibre tenant à la nature des choses et qu'il faut accepter. On ne peut pas aller fumer et féconder la terre du voisin qu'il a achetée à de meilleures conditions que si elle eût été de première qualité. Seulement. quand l'intérêt général l'exige, il est alors opportun d'aviser à des mesures utiles. Je prends l'exemple des endiguements : il y a des cas où il peut être d'une bonne administration que l'Etat combine ses efforts avec ceux des particuliers, pour combattre des inondations qui sont l'ennemi commun. Mais il ne s'ensuit pas que l'État doive se prêter légèrement à tous les désirs, à toutes les réquisitions des riverains. Ce n'est pas d'aujourd'hui que le Rhône et la Durance exercent des ravages par leurs débordements ; mais, dans ces derniers temps, les riverains ont peut-être contribué à en augmenter la violence. Là où autrefois on laissait les terrains vains et vagues, en pâturages qui supportaient les débordements du fleuve ou les brusqueries des torrents, on a voulu se défendre, on a relevé les bords, on a resserré le lit des eaux : par là on a gagné de l'espace, on a amélioré les champs. Mais, aux jours de crue des eaux, on s'est aussi exposé à plus de dommages. Maintenant peut-on en rendre l'Etat responsable, et l'obliger à une sorte de garantie et d'assurance contre les débordements ? Cela n'est ni juste ni possible.

Les sophismes ne manquent pas. Si vous faites cela, dit-on, pour l'agriculture, l'État y gagnera par l'accroissement de valeur que subiront les terres et leurs produits. Sans doute ; mais pour obtenir un léger accroissement d'impôt dans l'avenir, il faudrait des sommes considérables dans le présent : est-il juste de prendre sur les finances générales de l'État pour procurer une amélioration dans les propriétés de quelques-uns ? D'ailleurs, à qui appartiennent ces terrains qui bordent les fleuves et les torrents ? On s'apitoie à ce sujet, comme si ces biens appartenaient à des malheureux : mais non, ils appartiennent presque tous à des riches qui ont d'ailleurs des terres fécondes, des maisons ou des capitaux. Ainsi, ne vous y trompez pas, l'argument du pauvre terrain n'est pas toujours l'argument du pauvre homme. Quant aux plantations, elles sont très-utiles ; des sommets de montagnes couronnés d'arbres verts valent mieux que des sommets pelés. Mais ces plantations qu'on présente comme un préservatif contre le ravage des eaux, empêcheraient-elles la neige de fondre, l'orage d'entraîner la terre et de la porter au pied des hauteurs ? Je ne suis pas grand naturaliste, mais je ne puis partager l'opinion de ceux qui prétendent que les plantations diminuent l'abondance des eaux. Je suis d'une opinion contraire ; je crois que les plantations attirent et entretiennent les pluies, et contribuent à l'alimentation des sources.

Maintenant M. Passy, comme théoricien et aussi comme homme politique, vous a présenté des difficultés devant lesquelles vous vous arrêtez. Sans doute il ne suffit pas de dire : l'État est là ; c'est à lui d'aider les communes pauvres... Il faut, avant tout, savoir apprécier les difficultés qui naissent précisément de la question de la propriété communale. Vous croyez qu'il sera facile d'amener les conseils communaux à consentir à vos arrangements. Eh bien ! vous ne les connaissez pas ; il y a des difficultés énormes à protéger leurs biens communaux contre les usages, ou à les amener, soit à un partage, soit à un meilleur mode de jouissance. Le gouvernement, d'après la législation forestière, est autorisé à racheter, dans ses bois, le pâturage. Eh bien ! il hésite souvent à

exercer ce droit, parce qu'on ne change pas aisément la condition des populations, et que là où il
y a une population de pasteurs, on ne peut pas
brusquement substituer une population de la-
boureurs. Expropriera-t-on les communes, si
elles ne veulent pas consentir à vos projets? Ce
sera un principe nouveau dans la législation, que
d'exproprier les gens, non pour satisfaire à une
raison d'utilité publique, mais dans leur intérêt
et pour leur apprendre à tirer un meilleur parti
de leurs biens; et ce principe excitera de nombreuses réclamations. Il faudrait de longues années pour changer les habitudes de ces populations; on ne peut que conseiller, diriger, donner
des exemples, leur apprendre à vivre avec plus
d'intelligence. Si ces biens communaux étaient
partagés, cela vaudrait mieux sans doute ; mais
que faire, si l'on ne peut pas y parvenir ? Ce qu'il
faudrait, ce qui manque surtout dans les pays
montueux et dans les plaines stériles, c'est une
industrie qui supplée aux ressources agricoles ou
qui les complète ; il faudrait ce qu'on rencontre
dans les Cévennes, dans la Suisse, des habitudes

laborieuses et certaines fabrications. L'emploi de ces moyens serait plus sûr et surtout plus prompt que de semer de la graine de pin. Je suis, d'ailleurs, je le répète, grand partisan des plantations; je désire qu'on les encourage; mais je ne suis pas d'avis qu'on exproprie les gens pour le plaisir de convertir leurs terres en bois.

M. Blanqui. M. Dupin a parlé de grandes fortunes : je dois déclarer qu'il n'en est nullement question dans les départements des Alpes, où le morcellement est énorme, et où, par conséquent, il s'agit, non des riches, mais des pauvres. Si ces pauvres se trouvent placés en présence des plus grands obstacles de la nature, si les fils souffrent des fautes de leurs pères, ces infortunes individuelles doivent-elles nous trouver insensibles ? Que demandé-je ? non pas un grand encouragement, mais des ressources fournies peu à peu et destinées à réparer le mal successivement et sans de grands efforts. On parle des Cévennes et du Jura, mais il n'y a pas d'assimilation possible; ces deux pays sont sillonnés de routes dans tous les sens, tandis que, dans les Alpes, les premiers éléments manquent. Les quatre départements des Alpes n'ont pas de routes , ils sont comme des sentinelles qu'on ne relèverait pas. On ne veut sans doute pas faire entre le centre de la France et l'Italie une Thébaïde. Si, dans l'état des choses, on dit : « Il n'y a rien à faire », le mal croîtra , le remède deviendra bien plus difficile, et l'on regrettera d'avoir assimilé ce pays aux autres départements.

M. le comte PORTALIS, qui avait pris la parole après M. Passy, a annoncé que l'esprit des populations du Midi n'était pas aussi opposé qu'on semblait le craindre aux mesures réparatrices qui doivent préparer le reboisement des montagnes et arrêter les inondations, et que les conseils généraux surtout étaient prêts à seconder et à favoriser l'exécution de ces mesures. Sans doute, a-t-il ajouté, le reboisement éprouvera quelques difficultés de la part des communes pauvres ; mais il faut les éclairer sur leurs véritables intérêts; il faut aussi que l'on comprenne la solidarité qui unit les diverses parties du territoire. La paralysie d'un membre n'entraîne-t-elle pas une souffrance, une gêne pour les autres parties du corps ? De même, les populations que le fléau des inondations n'a pas ravagées ne peuvent ignorer que leur intérêt bien entendu doit les porter au secours de leurs voisins, si elles ne veulent pas souffrir elles-mêmes d'une mesure qui les touche de si près, et les gagnerait ainsi de proche en proche.

FIN.

Imprimerie de Hennuyer et Turpin, rue Lemercier, 24, Batignolles.